学术·独特

趣味·耐读

鲍寄望 著

云南出版集团

云南人民出版社

图书在版编目（CIP）数据

奇石审美 / 鲍寄望著 . -- 昆明：云南人民出版社，
2019.6
ISBN 978-7-222-18385-8

Ⅰ . ①奇… Ⅱ . ①鲍… Ⅲ . ①石－鉴赏－中国 Ⅳ .
① TS933.21

中国版本图书馆 CIP 数据核字 (2019) 第 093675 号

责任编辑：吴　虹
责任校对：和晓玲
装帧设计：李绕菲　海　帆
责任印制：马文杰

奇石审美
QISHI SHENMEI

鲍寄望　著

出　版　云南出版集团　云南人民出版社
社　址　昆明市环城西路 609 号
邮　编　650034
网　址　www.ynpph.com.cn
E-mail　ynrms@sina.com
开　本　170mm×240mm　1/16
印　张　19
字　数　40 千
版　次　2019 年 6 月第 1 版第 1 次印刷
制　版　云南昆明精妙印务有限公司
印　刷　云南昆明精妙印务有限公司
印　数　1-1000 册
书　号　ISBN 978-7-222-18385-8
定　价　75.00 元

如有图书质量及相关问题请与我社联系
审校部电话：0871-64164626　印制部电话：0871-64191534

云南人民出版社公众微信号

卷 首 语

 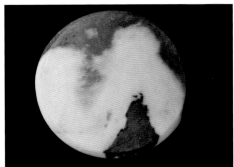

　　当你打开这本书时，会感叹大
自然的惊天杰作竟与人类的美感息
息相通、紧紧相连。你也会相信收
藏会让人生有了绚丽丰富的神采、
风情万种的境界。只有美的人生，
才会有美好人生的心灵启示与人格
升华。这种自然与人生相结合的美，
会使你有种难以割舍的依恋与陶醉。

是你收藏我，奇石

江河湖海　　　　　收藏是一种时光启悟
高山大漠　　　　　收藏是一种古今交往
鬼斧神雕　　　　　收藏是一种精神对白
神奇制造　　　　　收藏是一种心境徜徉
亿万年功力　　　　收藏是一种人生愿景修行
成就你　　　　　　收藏让大自然奇幻
脱胎换骨热肠　　　在心底万年神交
引人入胜美妙　　　独享那人世间
　　　　　　　　　难及的风光
留给世人　　　　　品鉴大自然精神
多少梦幻　　　　　酿造的酒浆
多少神往
多少爱恋　　　　　是奇石，把我们的爱
多少颂扬　　　　　牢牢收藏在
投入你的怀抱　　　一个个开始
你把我们收藏　　　又一个个期望

前记：到哪里去寻找人生的美丽

本书里的奇石全是我自己收藏所有，没有借助别人的资料，这就可以让我有一段优雅而快乐的时光。

寻觅、收藏奇石四十多年，在那囊空人烦的困顿岁月中，想找一个陶冶与开拓心境的寄托，奇石如约而至，两相情投。从开始的视觉陶醉到审美心灵的激活，再到融其神理、堕入神性的思考。我与奇石相互诉说心中的事、心中的愿。奇石的语汇无限丰富而神秘，从古典话语到现代言说，都可以借助它来表达愿望与思考。在这种古远沧桑又万象更新的展示中，你思想中的浮躁、焦虑与痛苦会在一种柔和中的宁静、韧性里的宽阔、饱满处的张力中被无穷的依恋所触动、所化解、所充实。充满想象性的思考，融汇到奇石丰富的语汇中时，到底是你在用审美方式解读它还是它在用意趣与美妙言说你，两相互动呈万千景致，趣味迭出。仅出于审美还不够，奇石与我还在提炼与调和一种从远古到今天的精神世界的表达，一种由大自然塑造的新的艺术形态的美感感悟，这也是我着重收藏肖像石与文字石的原因。

奇石那恣肆蔓延的色彩，挥洒淋漓的线条，万端奇异的生成，坚韧永固的成像，可以从中体察出高山大川的裂变，江河湖海的洗礼，万物巨变的奇观，世事沧桑的动荡。石中有千秋岁月，石中有六合乾坤，这些，都在赏石中让你情不自禁地将质、形、色、像、势、趣、韵融汇其中。尤其是当你将肖像石个体与中国古代绘画中的肖像画相比，古代肖像绘画多有"侍子图""仕女图""文士图""神仙图"等，但缺少了独特的、反映底层布衣精神面貌的肖像作品，古代肖像画的视觉特点也较单一而简略。而肖像石的艺术形态与表达风貌皆出于自然，但形象多元，气象多变，艺术个体的独特与生动征服了你的艺术思维与思考方式。你自会感叹大自然的创造是人世无法比拟的。我有幸拥有了自己最早的、最原始的一小块自留地！

在现代生活中，我们的心太拥挤，呼吸太杂乱，只有在自然天地中寻找一种新的渴望与新的生命共同体，我们才不会把人生背负的垃圾统统塞到心身中去。与奇石相通，我们可以形成一份与现代精神联系的、广博的、自由与开放的世界。奇石便从远古情景中与我们相会，把我们的心紧紧拉住，显示了一种生命守望中的执着与坚贞，用一种大自然的美丽与纯净、古朴与深奥给我平添了一种生活的勇气与活力，于是，我身上的酱气与脸面的黄昏色调逐步消解，不用惧怕心的衰老，可以呼唤日出的灿烂与心中温暖的微笑。尽管我已随收藏奇石的时光一样衰老，视力已云山雾罩般慢慢模糊，双手已把灵巧关在笼子里，陷入泥淖中的双腿少了拔出来的力气，但想到这些奇石，就会像孩童一样绽开暖暖的、快慰的笑容。我可以抚摸端详，反复审视，彻悟玄机。时光可

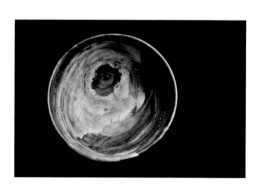

以把你的头发变白，但不要让你的心灵苍老。不作多想，还是调匀了呼吸，把冰冻的词句逐一塞进一种自我陶醉里。

5公分以下的小石，本书未具体标出大小。关于石种名称的提法，也不想以当前世俗所流行的、以产地为名称的提法来标出。关于石种的命名，赏石界至今仍十分杂乱，绝大多数是以产地命名或以色彩方式命名。如所谓"图纹石""画面石""水冲石"就可以包罗大多数奇石的成因与形态，意思十分含混。如依产地命名，本书中的奇石便有长江石、金沙江石、澜沧江石、红河石、风砺石、沙漠漆石、黄蜡石、大理石、玛瑙石等等石种。其实，读者在读石图时基本上可以看清是哪种石种了，所以标明了石种反显含混而费力。

目 录 CONTENTS

肖像石诗语

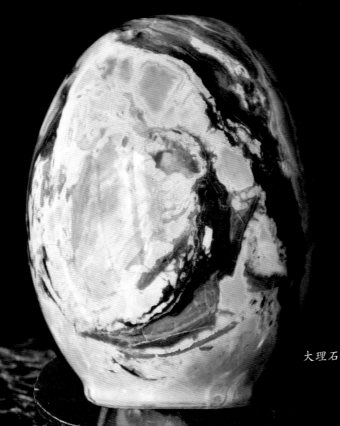

奇石审美

大理石瓶·李清照

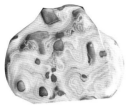

玛瑙·宇宙洪荒

一 奇石映现大自然的天地灵气

奇石审美是从奇石扩展到对大自然整体创造的美的一种精神陶冶，是在有限与无限、空间与时间中体验大自然赐给人类的一种美感。它给人的快感是从石体延伸到大自然千变万化的场景中来实现，是从外在形态转到内在生成，然后形成复杂万变的一种深厚与宽广的美的享受。

奇石与人的亲近，首先是人对自然的崇敬与亲近。人们欣赏奇石不仅仅是从自发的表象亲和与象征体验中开始的，这时的欣赏还停留在眼中。只有通过天地的熔炼与人生阅历的陶冶，直达人的心灵深处的探求与收藏，才能与奇石相交对话。本文主要从肖像石与文字石两个方面来谈谈感受与分析。

欣赏奇石，一开始是从石的物理画面的构成着眼。人们都以一种天真的情趣，先来看奇石的自然物理构成的奇妙之处，随着心境的变化与欣赏的志趣，派生了人们的审美走向，从借物寄情到缘物求神（"象外摹形"至"象外摹

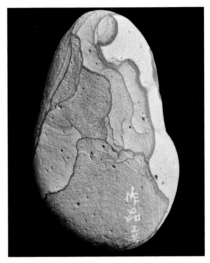

红沙石·作品 1

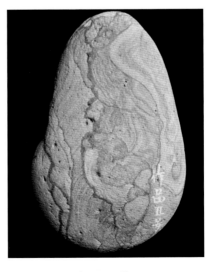

红沙石·作品 2

玛瑙·芭蕾托举

的外，是奇石在大自然中的造化，造化在某种最强大的外力中实现形与神的破解与再行创造。塑成什么便像什么，画成什么便是什么。自然力的打磨雕饰毕竟有限度、有约束性，但又有一种用自然灵气润饰天成的功力。外在形式与内在生成形成的空间形态、时间变化过程中激发出来的形象扩展，都能映现出奇石与人生、与社会生活形态相似的奇趣，这都是在一种巧合的、自然的变化中完成的。从对自然变化的认知到人们的认知过程，是一个复杂的欣赏美的跨越，尤其在中国，在传统国画、书法与善用比兴手法创作的人们面前，奇石会引发出无限遐思，有着充分扩展的天性，中国古老文化在"天人合一"的哲学思想熏陶下，也产生了一种欣赏奇石的气韵与特质，

神"），从自然生发的角度拉回到人生情感的相互关系上，以求得欣赏中的一种精神快慰。"造理入神，迥得天意"（宋·沈括）。又从它们的形态上由具象转到意象再转到抽象的审美创造，这种创造性的扩展，使欣赏者有了一种超出奇石形象的精神空间，有了美的境界的动态生成，从人们的经验、联想中去寻求对美的理解与创造。于是，从奇石的耐看、好看上有了观赏的愉快体验。形似中追求神似，在一种神遇中追求神交，逐步达到对奇石欣赏的形神兼备，达到一定程度的欣赏稳定性，这便有了一个与奇石的天地灵气的沟通过程。"外师造化"

沙漠漆石·美髯公

激励着精神世界中生生不息的审美延伸，增加了对奇石的理解与喜爱。加之中国青铜器上的各种图案，还有甲骨文与篆、隶、草、楷、行书法的不断演进，使赏阅奇石更深入人心、更富于创造性。中国山水画的水墨洇晕变化的广度开拓、对自然表现的探求欲望、对象征世界扩展的内在理念，放在奇石欣赏中，都对奇石的喜爱与把玩会有不谋而合的审美相互传递的文化气象，形成深厚的奇石审美的文化背景。

审美的实践过程也是创造审美主体的过程，不同的人看一块奇石便有不同的欣赏口味，对欣赏主体的偏爱也因人而异了。比如，守望山水、避世于乱、清高自洁的士大夫精神，也会在寻觅奇石中获取象外之境、意外之情，让造化万物融于眼观、融于心会、融于神清。这种让赏石与自然世界保持一种正面接触的关系、求得心理上的平衡与快慰的情思，落在中国人的庭院里、公园水郭中，以真石为浓缩的山水装饰，是为了从环境设置上弥合人与自然的裂痕，表达自己对石性的亲和情谊。还有，有人从赏石中去突现人格化的理趣内涵，表达了以石为宗的人格志向，如米颠拜石的传说，伏虎卧石的神话故事，白居易与石投情，苏东坡以石明志等至今仍传唱不绝。

山石图

玛瑙·彩帽

奇石也可以成为自己永恒的史书，它虽然缄默，但仍在说话，仍在用生命符号传达自己最坦诚、最少矫饰的艺术语汇，因为它是大自然生成的艺术，它以千变万化和与众不同的艺术魅力,给人们提供了无限的想象空间。欣赏者从被动观察转入主动思考,然后进入一种深度分析,使奇石欣赏有了一个探求奥秘的特殊的表达方式。看沙漠漆石与风砺石在大漠中生成的坚硬、倔强、充满力度的美感,强调了石语特征上的坚韧不屈。气度飞扬的外在形态与内在精神的融合,对人生很有启示意义。中国南方出产的黄蜡石在内聚中体现温润、中和,强调了一种在变化过程中的丰腴与富华,从其内敛形态中,使人在澄明通达中得到内心的宁静与平和,形成一种在不同情志下的人生知足与达观的气象

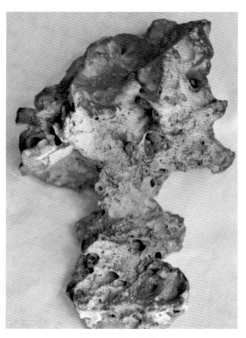

风砺石·邻村老人

特征。不必再举青田石、鸡血石等名贵石种蕴含的天地灵气呈现的万千气象了。看灵璧石的离奇古怪、沧桑感与古拙气,便有一种人生阅历中的历史磨难与一种世道突变中的艰难沉重、剧烈演变的印迹。这些,都会让你陷入一种历史古远的深思中。一种突破艰难后奋立而生的情态从奇石中逐渐隐显,让你心悸魄动,让你的精神畅快而寓意了然于胸。情启于奇石的万端形态之异,志得于奇石坚硬不灭的思情畅达。

奇石欣赏又是以小鉴大的一种精神畅游,在与奇石的结交中,自然会有八荒神遇、江河生情、山海怡兴的

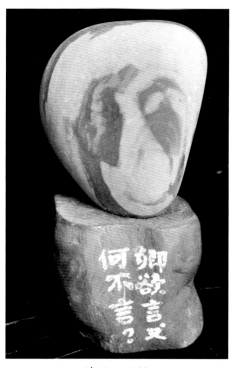

沙石·石问

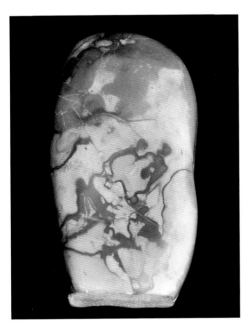

青田石 · 小髻髻

们在表达美上比人类更主动积极与多姿多彩。这种欣赏仍然是依赖人们的生活感受与艺术体验来完成的，因为审美客体是激发审美主体的必要条件。

奇石艺术是自然存在的艺术，只不过被人们的思想与情感渗透了。亨利·摩尔说，他有几年时间到海边去看不同形态的鹅卵石，这些石头吸引了他的眼睛，适合他的石头让他激动。他说："我可以通过给稳定大脑以适应一种新的形体的时间，从而扩大我的形体经验。"他的作品中的超自然力的形象感体现在经过发育与发展过程中自然力量与人的力量感受的结合上，因而他塑造的人体量巨大，穿透空间感强，起伏的轮廓线与山脉相近，使实体与空间的结合达到完美，人与

深度交流，对宇宙人生的顿悟往往会超越一石一山、一图一画的格局，趋于不同时空阅历中的美学感悟与情绪畅想。尤其在时空关系中，会形成主观与客观的对应、短暂与恒久的相互参照，便有了一种哲学的明睿与精神的洗涤。因为在大自然变化生成的奇美与变幻之中，自然蕴藏着许多非人为的、不同情态的创造力与多样性，还有生命运动过程中的勃勃生机。你还没有认真校正它的艺术形象的真幻表达，就被它那生动奇异的传神写照所吸引，似乎这群天地间的无名的、杰出的艺术大师，正以人间的生活状态与生命感受在创造石的艺术王国，它们在发现美上比人类太早太早，它

黄沙石 · 拜石图

自然相互贯通、相互联系的生命意义从石雕的形态上表现出来了。

从这里看出，奇石的美是自然存在的，而人们的欣赏使这种美扩大了，更有多样性与深度了。奇石的形象与情感的渗入合为一体，奇石形象的指意性与社会角色之间有了新奇的变换，理解的程度与反馈出来的愿望也在不断增强。所以，奇石又是一门发现的艺术。在奇石中，有不少作品已被打造成符合人们思维与体验的一个个艺术原本，表达了一个个生活中的美好理念与通达情怀，这时，欣赏者已融入与客体奇石的物我通神、物我相亲的思维方式中，心灵的感应便在艺术审美与生活审美的陶冶中发散出来，不同的欣赏者便会产生不同的艺术审美感受。

所以，奇石的奇观就是从天地灵气的通达与活化中给人以视觉上的平衡，精神上的抚慰，思想上的探求。

所以，石可以养性，石可以陶情，石可以明志，石可以悦心。不管石体的枯润、浓淡、虚实、丑美等都会给欣赏者提供思考，既可以用流行的石语叫人去感悟创造，也可以给人们更多独特的猜想，形成审美的多样性空间。

总之，人与奇石的对话不仅是图式化上的、体感体态上的、色彩附着上的体验，有些奇石还有简单与复杂的抽象形态方面的表达，从而像现代绘画变化生成中的亦虚亦幻的巧思巧制，让现代抽象的视觉形式的美抓住你的喜好，让你用一种解构形式作新的领会与探求。所以，奇石审美包含了观念审美、趣味审美、心理审美、想象审美的系列审美过程，也较完善地提示了人与自然的关系，表现了时代诉求与民族文化精神的呈现方式，是一种深层次的、与大自然交流的、艺术精神与生命表达上的美好体验。

花岗石 · 二老乐

二 奇石欣赏中创世纪形象的延续

花岗石·到满

奇石审美，在空间艺术审美中包含着无限的时间性特征，观赏时便会处于一种连续不断的、多面多层次的思考过程中，是石体透露出的那种运动着、变化着的思考，那份既确定又不确定的审美变化。把遥远的过去牵回到现在，又从现代回溯到久远的大自然运动中美的发生。"精骛八极，心游万仞""观古今于须臾，抚四海

于一瞬"，无生命的物质材料显示出有生命的审美特征，有了无限性的运动与变化的快感和沉思。陆机在《文赋》中的这两句话可以用在奇石欣赏上。奇石在其质朴厚重、深沉多变中，蕴含着大自然变迁时洪荒年代的自然记录与历史更迭中的神秘感。不少奇石的形体、图案、符号、色彩、质地构成都让人感受到大自然变化中这一个体的独特经历，感受到天地气象留下的美妙记载，其丰富性与繁复性、奇巧性与偶然性的审美特征，成为赏石者审美追求中的一种自然意趣，成为与人的心境共振共恋的一种表达方式，也是对大自然的解读与相交的体悟过程。奇石生成是靠风、雨、水、火完成的，说来也与陶艺的生成有一点相似，但陶艺是人为的，陶艺在与土、水、火、釉的生成中，有民间艺人与艺术家的审美参与。中国新石器时期出土的陶艺让人们自然想到远古人类生活、生产的情景，仿佛触摸到人类创世纪的动人画面与生活状况。而奇石是大自然构造中的奇思妙想，是无法预知

的，变成什么形态便是什么形态。"听天由命"的奇石便在大自然的巨大裂变与生成中，有了创世纪的原始形象的语汇特征，有种远古旷达的天然本性。在十分普通又十分独特的生成变化中，以亿万年的陶冶，形成了罕见的、神异的、有个体独特语汇的形象实体，从听觉的感受可以转化到视觉的形象画面。

灰沙石·鸡

每一块奇石都会让人在观赏时逍遥于浩浩长天之上，徜徉于宇宙洪荒之中，惊悸于大地天工开物的巨大变动，体验山石迸发时的惊人能量。从漫长的远古走来的这种感动，使每块奇石都可以体现出其中巨人的包容力与移山倒海的皇皇勇力。从一架山、一块巨石中剥离而形成天赋迥异的艺术表达，要经过多少熔铸、雕琢、打磨、冲刷。在一种坚韧通达的气性中，体现出这个形象生成后的善性和感动、对美好事物呈示时的温暖与博爱，在神交自然时，便有体验世界巨变时的那种独特的人生感悟与体察生命状态时的共振，以人之心觉解宇宙天地之心人和万物之情。在旷远、广大而浓厚的奇石美的感召下，在这茫茫广阔的运动与变化中，让人们回归自然、返璞归真。将奇石放大缩小、缩小放大，在咫尺天涯的错觉意识与幻想空间中，不断增强大自然在时空距离中产生巨大变化时的情景，在一种神秘的探索

青沙石·忘形

中增强了解的欲望。在从空间的景象中有了突破后，也超越了时间过程的限制，在一种实在与虚幻交织的审美氛围里，在奇石形象的空间感中，便可以想象到时间变化过程中那令人神往的特性。欣赏奇石的这种时空感觉，又可以从人世起伏曲折的演变发展历程中来感受，更拉近了自然与人世变化过程中的那种有机性、物质性、发展性，让这种广远与隐秘的变数、难以探求的创造力有了一种希望达成共同体验的交流欲望。

奇石的"奇"，体现在对石体由内而外形成的力量与生命的感受。奇石欣赏中充满着一种朴素的自然天趣，产生一种如英国学者贝尔所说的"有意味的形式"，在一种原始艺术的生成中是其他艺术形式难以达到的。我们感知到对奇石的欣赏是对大自然巨大变动的欣赏，赏石便在远观的、浩渺的视野下进行。《诗经·小雅·十月之交》描述过一次大地震后的巨变："百川沸腾，山冢崒崩。高岸为谷，深谷为陵。"一枚奇石的成因，自然也是对大自然初始状态变化发展时的一种远古追忆。欣赏一块奇石，便打开了一扇通往远古年代的神秘窗口，亿万年尘封的、神秘的天地变化涌入脑海，在寂静无声中让我们走向遥远的创世纪岁月，在洪荒世界中再做一次深度探求。

著名科学家费尔斯在《宝石的故事》里曾描述过美丽的矿物质生成时的景象：几亿年前的泥盆纪时代，有

风砺石·龙　　　　　　　　红沙石·龙

大片的深海与浅海，当时还没有乌拉尔山脉。海水下熔岩喷发出来，打破了海底的宁静，一道道冒着泡沫的熔岩满布海底，把水中的沉积物也盖了起来。于是，海中慢慢生成了一层层的斑状熔岩，又有大量的动物群居在海底，这些有硅质骨骼的动物——海绵类与放射虫类，它们的尸体在海底火山灰的作用下堆成厚厚的硅质软泥。又不知过了几千万年，这些不同种类的沉积物在海底错杂地生长和改变着，凝灰岩层、熔岩层、硅质岩层、黏土层在不断地堆积，水下火山喷发让冒泡的熔岩一层层掩盖，并用灼热的气体改变它们的颜色与形状。到了石炭纪时，海底又发生了猛烈的造山运动，山脉隆起，海水退去，巨大的地震造成山的起伏与断裂，较小的砾石下落滚动，在水流的作用下，这些具有美丽的放射状硅骨中有二氧化硅的便形成坚硬的岩石，这便有了黄铁矿晶体

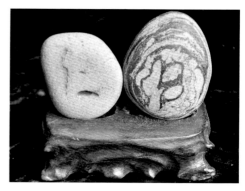

沙石·"仁"字

的美玉、玛瑙和其他矿石。

"人，诗意地栖居在大地上"（海德格尔）。任何一种事物的特殊性与个性生成，已成为艺术原创性的起点。从一种特殊的美中挖掘深度的天然艺术的创造性，让大自然传播的天籁之音显示出造物主的美妙言说。以山养德，以石养性，以石寓神，以石怡情，奇石的创世纪精神所构成的文化内涵，必然会给初期人类以浓烈吸引，最早的奇石赏佩便是在原始状态中衍生成的。

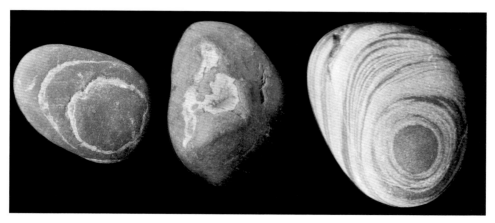

灰沙石·三个"石"字

我们且不论旧石器时代人类以石为武器、为工具，就从新石器时代开始，玉崇拜便是对奇石在一种通感情态的把握下滋生成对玉的热爱与尊崇。

"以玉比德"再到玉佩饰文化的广泛传播，赏石文化有了创见性的艺术气质与审美品格。玉石文化与青铜器文化一样，是中国古代高贵的、辉煌灿烂的美学创造。玉石成为古代奇石艺术中最早出现、最有生气与造诣的艺术品，是带有拓荒性的创造意义的。玉石艺术工匠也应是中国最早的民间艺术家。玉石创作是人类对自然社会亲和而形成的精神感悟和生命活力的艺术体验，它的文化深意与道德含义充满了用哲学精神、艺术象征结合起来的审美创造。从那时至今，尽管玉石经过人为加工有一定工艺特征，但从赏石层面看，也是奇石审美在高雅华贵方面的一个独特的先行创造。

玉石的审美是奇石审美的滥觞，自那以后，奇石审美便以披阅大自然的历史风韵而吸引着人们，让人们在原始混沌的大自然博览馆中兴致盎然地追寻畅游。奇石中大自然的写实性与内涵自然机缘意象的相互结合，在一种似有隔离又陌生的层面上让人与石相亲近，让人总会情不自禁地在追溯远古的想象中去理解探索，再从当下的生活空间中去延续和创造。想象的宽阔，艺术理解上的明朗丰富，在

黑沙石·山

风砺石·孔明

互通和交流上打通了与大自然难于知晓的一个大空间、大视野。欣赏者总会自语，大自然如何在视觉艺术的时空安排上既有对自然的感知又有对人类的感知？这种相交相遇又是如何用天功之力，形成与人类在艺术表达上的一种同质异构的表现？这对人的欣赏无疑是一种挑战，对人的审美之旅又有了一个转换性的冲刷。在这沉寂无言的冷藏中，让人不断拨开兴致盎然的审美缺口，让无声的信息不仅有了具象生动的艺术理解与欣赏高度，还给人们不断地提供新的思考空间，这是奇石审美的一大乐趣。

沙石·少白头

沙石·小囡

风砺石·天无语

三 奇石欣赏的泛众性

花岗石·人生格言

明代坊间就有"闾阎下户，亦饰小小盆岛为玩"（明·黄省曾《吴风录》），这就把奇石的欣赏推向普通人，成为以通俗艺术为基础的审美的泛文化传递。可以这样认定，奇石文化的表达首先是基于人民大众的民间审美追求，后来才有文人与达官贵人对奇石的欣赏与收藏。奇石真正以传统文化为背景又有独特审美的艺术符号，还是从民间性与大众性的传播中派生出来的，奇石审美也是率先从通俗的、大众的视觉中形成审美艺术基础的。

奇石欣赏的泛众性在于对它的喜爱不是由一些专家独赏其美、独览其态而形成的。由于奇石的广泛收藏形成与广大民众的结缘，便有了依地寻

奇石石语的异常神奇与丰富性，让每块奇石都可以传达出不同的艺术趣味与感知，逗引人们在探求其丰富迷人的艺术体验的内涵时，更加激发人们去寻求奇石的欲念。那种经验性与俗常性的艺术理解，不仅是收藏者的一种艺术感知与欣赏诉求，它更多体现在以大众的理想追求形成的广泛性上。农人在劳作之余，如遇上一块奇石也会爱不释手，加以把玩欣赏。

有头龟化石

石、依地收藏奇石的奇石地域文化，不同地域的奇石有不同的特性，更多地贴近了群众的兴趣，形成欣赏与收藏奇石的多元化口味，爱好与体悟也有了不同层意、不同的审美理解与判别。收藏奇石是人生的一种文化生活方式，它的内涵就包括了对美的理解方式、对美学的感悟方式。它与收藏高档玉石及各种名贵石材不同，后者收藏欣赏建立在一种珍奇为美与名贵为美的文化境遇里，审美指向落在高贵与华丽的层面上。收藏奇石可以进入普通百姓家，可以形成广泛的爱好群体，可以通过比较少的资金获得心爱的一块石头，只要能体现奇石的情景与自己的精神融合，只要能让石之美感俘获你并由此激发出心中的活力，产生一种自我创造的艺术冲动，将这块石头的直视的美与暗示的美融合一起，便有了精神愉悦的表达。这说明奇石的大众审美是建立在重视大众生活感受与大众审美层面上的，在一种人与自然、人与社会生活、人与某种艺术趣味的通达中，奇石的艺术形式呈现出来后，你的精神体验便自然生成了，理解也加深了，喜爱奇石便成为你的一种艺术生活方式。它跳出了以高端收藏者们的审美偏爱，可遍及乡村农舍，可深入城市街巷；可以购买，也可以自己出去捡拾奇石，还可以进行广泛的交流与切磋。民间有奇石，好的奇石在民间，这是奇石收藏具有泛众性的一个鲜明特征。

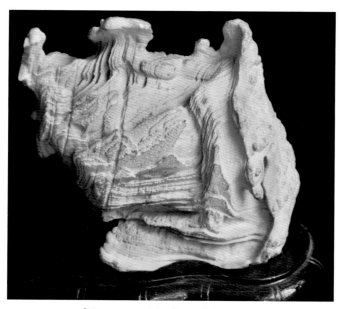

卷纹石·目送归鸿远 手挥天地间

黄花岗石·忧伤的公鹿

奇石材料的语言与艺术底蕴是自然的，不是由人为的意识形态制成的，人们在欣赏时，可以用不同认知能力去把握对奇石的理解与分析。奇石的耐看与好看，总会超出欣赏者固有的愿望，不同的人对同块奇石也会有不同的理解与评价，并生发出不同的答案。因而，到现在为止，有不少奇石的材料属性仍无法给出一个准确稳定的命名并得到赏石界的一致认可。例如从石材、矿物质结构、构成特征、出产地等方面，现在的混乱称谓不仅花样百出，而且各地在对奇石认名时也时有创新。如蜡石中有称玉石的，也有称英石的；太湖石中有称石灰石、有称山水石、有称园林石的；一个"长江石"可以囊括几十种从长江中面世

的石材等等，这在当今的物种命名中也是很少见的现象。地质学家可以从石质的构成成分上给以命名，而奇石由于构成的复杂，出产地的不同，色彩的殊异，加上奇石的物质性与偶然产生的特征，便有了不同的命名与安排。不少奇石便因当今人们的喜爱程度而附着上了新的命名，如冠以"玉"的取名，便是投其所好，有更多的随意性。这也说明，奇石欣赏从民间出发，并有广泛的欣赏群体，从而形成一门艺术审美门类，才有当今中国最引人注目的奇石欣赏与收藏队伍，使奇石成为与人们生活内容及精神审美相连的一种文化生活方式。

奇石审美的泛众性也可以从奇石的地域特征中得以表达，并成为一种独特的地域文化。中国新疆、内蒙古的奇石有独特的地域特征，有地域风貌从石体上展露出来，其他地方的石种不能与其相比。中原出产的灵璧石、英石又有自己的石质与形态特征。就从云南、贵州相邻两省出产的奇石也大相径庭。奇石的产地不同，使奇石有了更加广泛交流的可能。这种交流是从心理上的偏好到审美共享的传递互动，是精神意趣上的共融共生，这让奇石的社会功能放大了，视界开阔了，传播广远了。

奇石欣赏中的感性特征还与雕塑不同，雕塑总在传递一种思想命意与审美要求。奇石呈现的是原始的、直观的、泛众的艺术言说，我们在欣赏

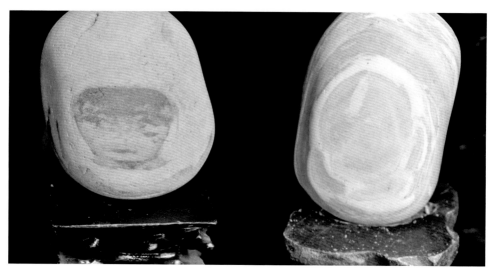

灰沙石·兄妹

时也更以个人美感的表达方式与认知能力来决定对奇石的取舍，而对来自生活的那份美感更具有直接性的体验了。

赏石队伍的扩大，表现在不同的人以不同欣赏需求与偏好进行着交流与收藏。这里把翡翠、玉石等各种名贵石材排除在外，仅谈市场热销的奇

沙石·对头

石，全国各地的奇石展销与奇石出售也千差万别，形态各异，变化也快，完全不同于其他的商品交易，在一定程度的稳定性中有较明显的差异性与阵发性。近年来我国有了一支奇石收藏大军，有广泛的奇石爱好群体，有差异不同的艺术欣赏口味，使奇石传播有了广泛的群众基础，提高奇石审美能力也成了一道必须解决的课题，以便将奇石欣赏推向一个新的高度。

花岗石·鹤的家乡

风砺石·文豪

四 奇石欣赏的独特性

奇石审美以自我文化形态来寻求独自的欣赏方式，来触发养眼时与传统文化相合时的不同转化生机，形成人们的一种独特的观物记忆。在心入其境时，奇石的万端景象也会陶冶你的品格。奇石的个体具有非凡的独特性，与绘画雕塑的同质模拟相比更具有其唯一性的美学特征。奇石充满了个性特质的艺术语言与色彩语言的交流与传递，更能见出大自然造化生成过程中复杂的运动背景，让人们形成一种奇幻、神秘、朦胧、机巧与多姿多彩又引人入胜的审美取向。奇石繁多的品种，可以与大自然的绿色植物相媲美。

我们欣赏奇石，首先多是从奇石艺术的形态符号与色彩符号方面来把握、来欣赏。奇石毕竟是大自然在石界的杰作，难以承载人为加工时的某些思索与创造，但当一枚奇石与人们的情绪、人们的思考、人们的艺术体验结合时，便产生了审美愉悦、艺术快感与感情交流。苏东坡曾赞赏一块奇石为"刻画始信有天工"，说明他

的赏石理念已朝艺术化与个性化方向发展，让欣赏奇石与一个人的人生经历与艺术感悟联系着，不管是一个单纯的构图元素，或是一个色彩上的美妙设计，或是一个复杂图景的表达，都会让人们从不同角度去理解与观照，形成视点变幻上的多角度观察，在空间感中体味出更多的观赏自由。从个人的人生经验与文化艺术观念方面进行奇石审美是常见的现象。

奇石欣赏中，色彩符号的欣赏与珍贵石材质地的欣赏占了大部分，它的审美呈示主要是从一种传统文化背景中产生出来的观念。除对翡翠、玉石、玛瑙、鸡血石等珍稀石种的质地与色彩的欣赏以外，几千年来从中国的赏玉佩石到制石玩石的过程中，已将奇石欣赏的独特性推向一个又一个新阶段，形成既有美学底蕴、也有浓厚文化背景、又富于独特的欣赏理念与欣赏情趣的一门学科。

从奇石形体结构呈示的语汇上看，不管是平面状态的或是立体状态的，不管是有画面感的或是借助色彩表达

灰沙石·文豪

图形的，都会让人在欣赏中激发起对人类文明亲和自然，道法自然，从自然中静观人生的一种感悟。它没有人为的、从自身利益需求投射上去的思想偏斜与艺术倾向，因而它和人的亲近有了广泛的欣赏愿望与探求空间。欣赏奇石本是对自然的和谐交往，去回归一种乡土乡情，有种见素抱朴的亲切意味，以便去探求大自然的神秘内蕴。这说明欣赏者从自然美中萌发出了一种精神情状的创造，在静态的石体中感受到动态的发展，在一种具象中达到思想上的沉淀与艺术上的交流。如清朝笪重光在《画筌》中所说，"一收复一放，山渐开而势转；一起又一伏，山欲动而势长"。虽言画，但与赏石是相通的，现代人生活在快速多变、迷茫杂乱的精神状态中，人的自然天性也在慢慢被淹没，所以对自然的探求与结交意愿更加强烈，更加充满爱意。何况奇石收藏与其他竹木器、瓷器、机械器收藏不同，它的稳定性最强，美感又千奇百变，天机乐趣可以让人从文化精神角度有种自省与扩展，有种精神快慰与陶醉，这是由奇石的多样性美感带来的。这种美感，在中国古代文人的收藏中体现得很明白。苏东坡在称赞文同的画时写道："竹寒而秀，木瘠而寿，石丑而文，是为三益之友。"将竹、木、石三者放在一起欣赏，说明他对奇石的形与质的欣赏的精神意趣提高了。明代姚绶也说："愿图幻出一奇石，千岩万壑争光辉。"同时代的王绂也写诗赞美一块奇石："寓目寻尺小，适意湖海深。岂唯适我意，将以涤我心。"这说明

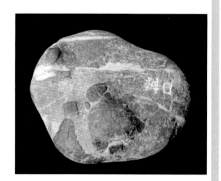

沙石·辩日

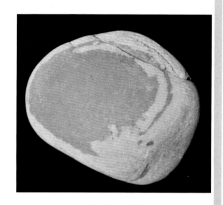

灰沙石·肥肥

他们对奇石的欣赏已进入人性化与人情化的境界中。

奇石欣赏也同样给你展示了艺术欣赏的广泛深度。这里要说一说模仿。不少作家都谈到过模仿问题，后人总在前人的艺术中进行模仿，有内容上的连续使用，有艺术上的相互继承，从中国的佛像造像到古希腊雕塑，在后人的模仿中，都或多或少地在艺术创造中立足，"任何时代的雕塑创作都有模仿与反模仿的矛盾，分明是反模仿的虚构也是广义的模仿。"（王朝闻《雕塑美学》）而奇石艺术不是这样，它在一种实体的虚拟中形成人所共知的自然而独到的艺术效应，在那天然而有趣的表现中，掩藏着让人不可名状的想象力与分析力。由景到情，由情到趣，由趣到韵，即从外到内的欣赏，奇石欣赏有了复杂而非简单的过程。"外师造化"是自然界给奇石的外在生成，"中得心源"可以是人对奇石理解的认知。如《辩日》这块奇石。在苏轼的《日喻》中有个故事：生来便是盲者，不识太阳形状的人，问别人太阳的形状，有人告知如铜盘，有人告之如烛光，成语"扣盘扪烛"便出自这里。它的趣味性便在既有历史的语汇又能在符合这个故事的场景中将情趣生发开来。从形到意，从意到神，不同的人有不同的欣赏表达，心灵空间有了充足扩展，从

花岗石·天狗

初起的"以形说形""以色说色"，然后便转到新的理趣中。因为奇石从图画到体势的变化太突出了，差异太大了。随着观赏的深入，我们从其中获得的意趣与韵致的体验更多，奇石的独特性把思维空间打开了，一个个鲜活的奇石让人有了驰骋想象的余地。看"肥肥"那发胖的体态就让你忍俊不禁，它那么可爱可笑，肥则必宰，它离屠刀不远了，便令人转而生出一种同情与惆怅。最引人注目的是这两只天狗，"天狗"既是神话传说的演绎，又是神话与现实相结合时生杀夺伐的象征。两只狗跃动前行的过程中，有了气势与力量的生动表达，在一种时空状态的对抗中让人心潮起伏。你看，月亮已咬去一缺，星子破空乱飞，但两只狗仍紧追不舍，一只比一只狂

暴而凶恶。这两幅石头的天然意趣是从生动的形象动势中流露出了丰富的石语石情，其独特性在于只此独有、不复二制，尽管两只狗形态相近，但各具形神，各展其技，绝妙到让人击节叹赏，体验到自然之力在一种与人世情态相似的因袭时，便有了一种天才般的激活。

《小马奔奔》是《马踏飞燕》这一珍贵出土文物的一个翻版。这匹小石马活泼欢跳，没有人世的束缚而自由奔放，显示了一种精神力量释放后形成的欢乐与畅快。在形象的实体中不只以模仿外形而让人喜爱，还在简洁明快的造型中让人有含情脉脉的情感体验发生。这说明，如果把奇石放在一种具体的时代场景中，其中的象征意味便可以让人提升思想高度。这

大理石·小马奔奔

块奇石正是寓意一种精神的开放，一种人性的张扬，小马的欢腾自然便多了一层象征意味。

每块奇石是一个个体，每块奇石又有一个独特之处，这便是它的稳定性形成的永恒魅力。在这种稳定性形成的形态中，洋溢出自我表现的形式与情意，打开了欣赏者的审美空间与艺术趣味，让客观的表现与主观的感受相合为一。稳定性、恒久性、立体感、多样性这四者便决定了奇石欣赏的独特性构成特征。

奇石有色彩艳丽的，有形态奇特的，但大多数奇石因石的材质本色而显纯正、显雅致、显厚重、显多样性。奇石在与不同矿物质的融合中，总是由自然生命力的变化在起作用，带有很大的偶然性。流淌与变异，潜入与断裂，打磨与生成一直贯穿奇石构成的核心，不做作不添加，因而才厚重、才奇异、才有独特审美特征。所以，它的质朴首先是石的艺术，是本原的艺术，是大自然的杰作，这样才有了质朴中的独特。

这里需要谈谈奇石的力度与立体感。每块奇石都是有立体感的，整体中的立体感取决于奇石的基本形态，在硬朗与力度上有相似之处。其基本形态中包含着的生命力量与气势和奇石的表现形式有较完整的统一方让人喜爱，这也是奇石审美中的独特之处。每块奇石都有从平面进到纵深，从纵深到立体雕塑般的序列。一块平面状态的奇石，在石的画面与图式的古拙气中均有美感"铸炼"入其中的感觉，藏骨抱筋于石中而不明深浅，不知走向。在同其同中能异其异，石的厚与薄、深与浅中便有线条与画面倾注的力度形成奇石立体感与深厚感的神秘的美质倾向。中国的毛笔书写中，中锋运笔的力度形成了书学美学的一个审美点。而奇石仅从石面的立体感与整体感的构成上便有多样性特征了，如点线面突出石面的立体生成，如整体画面构成的立体感受，如空间雕塑般的立体特征等。只有在力度美的深入浅出中才能看到这种奇石的运动与变化的力度、外在形态与内在容量的合一，动态美与静态美的传达。它用变化着的石质筋脉的粗细、色调的深浅、质体的厚薄与起伏，加上画面的饱满疏淡等才构成了立体感的不同层次、不同质感、不同变化生成。赏石如观人，从藏与露、深与浅、轻浮与厚重的赏石观念中，可以看出中国人自古至今的哲学精神与行事标准，面对这坚硬的石体自然会有一番新的命意了。《苦行》那躬行的身体中包含的苦况令人揪心，面部表情猥琐，有一个完美的表达。所以，奇石在以一个主体形态的艺术呈示时与其他因素相配合，才会有其生命的特征与情绪的发散。貌似静态中便有一种动态牵动你的心脉，让万端感慨呈现出来。

这种独特性可以与书画艺术相比。书画艺术是艺术家在观念形态上对自然的描绘与感受的呈示，奇石景观形

风砺石·双面人

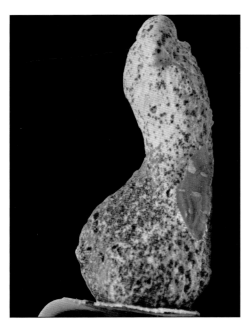

玛瑙·苦行

态的创造是隐秘幽深的天地造化。在自然界的广阔时空中呈现这些作品时，是充满变数、也充满内在合成与分解的损伤，其威力是巨大的。这说明形成一块奇石多么不容易，在时间与空间上有着漫长的变化生成过程。奇石形象从空间感的凝固性中，可以创造出不同的艺术欣赏内容；从时间过程的思量中，奇石形象的生命真实感加重了、拓宽了。欣赏者在时空交替的观赏中承继着对一块奇石的创造性审美，发挥着人们对这一艺术形象的优越感受。

欣赏奇石时更加激励了人们对大自然创造力的敬畏与爱惜之心，也放纵了人们想象生成中的万千变化与穷根究底的探求欲望，形成在质朴的原始性中所探求到的艺术魅力。奇石审美的质朴的独特性还可表现在审美时的情思与哲学的升华，因为欣赏奇石就是从天、地、人、物的和谐交往中去创造一个精神气象，不管你借老庄哲学去理解山水精神；不管你用南北朝时期山水诗人的诗性意气作交往互动；也不管你借唐人诗笔、宋人词章去构置画面的丰富含义；甚至以今天的情思去解读大自然的创造，你都在对奇石的美感作深度造访与亲切交流，创造着奇石形象从实体空间到虚拟空间想象中的快乐意境，使你体验到意味独到的精神美感。

黄沙石·央珠

红花岗石·老寿星

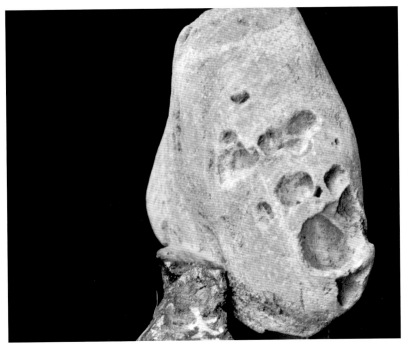

石灰石·大口马牙

在赏石过程中，人们也会以人品的象征与人格志趣的寄托来品鉴石的美感。取其物而绘其意，观其形而明其志，在道德诉求与人格提升上形成颐养心性、铸炼性情的参照物，真有让山石形式之精华、千古造物之陶冶、阴阳气度之蕴成来成为涵养心志的寄托物。在经过对奇石形象蕴藏的意象不断充实后，再进入神韵般的思考，欣赏者的精神状态与学养在艺术创造中起到了作用，他会主动地用自己的审美经验对奇石作准确深入的探寻，对客观对象所包容的内在特征有明确的思考，这种感受美的过程，会对奇石形成多元与不一般的欣赏，欣赏中的各执一词，各抒一意，欣赏的复杂与多样性的表现更丰富了。当然，我们希望在欣赏中做到主观感受与客观形象特征的完美融合，使奇石审美更能陶醉于心、动人于情。奇石在万象勾连中形成的奇异特征与神秘影像，是一种艺术语汇的传递，有明显的形质与神采展现出来。当你与奇石的具象融合时是一种美的陶冶，当你与奇石的距离拉开在一种想象空间里时，又会有新的奇妙的感情移入。在一种较宽广而变幻的艺术世界里，让欣赏内容推移开去，发挥意象创造的能动作用，有了从实到虚、再由虚到实的这种虚实相兼的审美相互转化，产生了奇石审美的特殊效应，有了奇石中某些不确定性在虚幻形态中的美的意趣。出于人意而又不尽如人意，超于人意而又难以理解，如一幅山水石画，成一座浓缩山形；如一幅杂花生树的画面，充满了自然的韵味；如一个个动物的形象，如一个个文字在石上的附着，都以一种天然的造型设计传达出艺术的境界，显现出一种艺术的语汇特征。宇宙生命之感、万世洪荒之言便从一块块奇石中有模有样地吸引着我们。

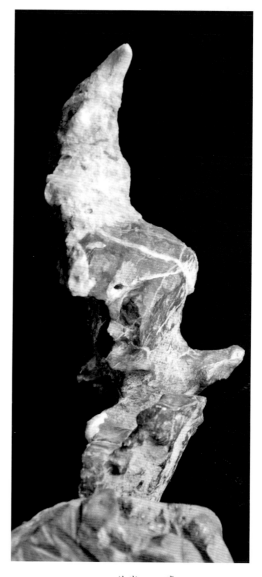

花岗石·鹰

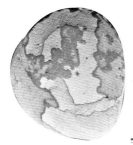

五 奇石欣赏的多义性

黄沙石·重逢

多义性是艺术欣赏中的丰富性与独特性的综合，奇石在"似与不似""像与不像"的矛盾体中给人们更大的欣赏困惑，在赏玩过程中它会使艺术内涵不断放大，在活跃的思维中不断产生不同的艺术效应；在边看边想中它不断提升人们对这块奇石的理解与兴趣，达到欣赏自觉性的提高。不同人的眼里有不同的欣赏品味，奇石构成的复杂而又丰富的言说，就给你平添了一种审美活力与艺术情趣。"以宇宙为襟度"（明·周履晴）的审美观扩展了人们的想象，奇石里的天然多义性主要看你如何让它再次显形并揭示其真。奇石的世界很大，如人生世界般丰富多彩，它至今还没有穷尽，也无法穷尽。欣赏者的内心渴求越多，你的审美就会结出更加美丽的花果。奇石丰富的形象，总会让你开掘得更多，会引起的共鸣也越加强烈，因为在天地瞬间的凝固中，留给人世一种天造地设、奇思妙想的形象思考，大自然的复杂多变聚集在色彩、形态、线条、绘画的复杂多变的石语表达中，所以，对奇石的解读便有了借助综合的、多元的、多角度的观照来理解，只有在不断的审美磨炼中、在培养对奇石欣赏的敏锐中，才能使欣赏水平达到一个新的高度。这是一。

《驯鹰》中，驯鹰人在广天高远、长风呼啸中，要让手上的鹰飞掠长空。另一块奇石《重逢》，两人久别重逢后在灯下长谈，一人脑后被灯光照白，脸部被遮；一人面部朦胧，光影投射到位准确。两块奇石质地相同、色彩相近、可读可感，充满了生活情趣，这是我的理解。你可以在图像中品鉴石意、解读石性，理解的多元性正是

黄沙石·驯鹰

花岗石·踽踽独行

由奇石生成的不确定性形成的，它给你提供了无限的欣赏空间。奇石欣赏并不限制各人不同的意象创造，但每块奇石又有特定的形象安排与艺术表达，它诱发的美感会有一个客观意象可以让人接受。这块《踽踽独行》更具有欣赏的奇异性。图的上端看到的

是舒展、宽阔的"山河"二字，从中端看是一个踽踽独行的人，从下端看是一个凝神张望的人，一人在上，一人在下，相顾而行。大自然竟以这种神奇之功给人们以难以想象的艺术创造，其独特性是少有的。人们在欣赏奇石赋予的艺术特征时，在那种不太明确的图示中作出了自己虚拟而又实在的艺术创造活动，从审美的模仿性中转成非模仿，在虚实交替中有了新的艺术感悟。

奇石审美中的多样性是由于奇石生成在各个不同的地域环境中差异十分巨大形成的，其中的不确定因素也突出。奇石的天化无常形成了各种物像状态的多样与歧义性，不少奇石的外表下藏有丰富的含义，这也要靠你细细分析。《岁月无声》中的两个女人，粗糙的外表下埋藏着生活打磨的痕迹，在层次选出的结构生成中，人物的精

沙石·岁月无声

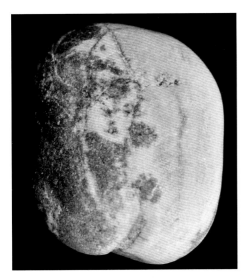

花岗石·媚

花岗石·认祖访猿

神欲求已消磨得差不多了，每一个褶
皱与印痕都封存着丰富的生活记忆。
也只有在与生活的对视中，石材上依
附着的特性才让人可以体察到时间似
乎牢牢控制着每个人的人生过程，这
时的苍凉与痛苦是可意会的。这便从
欣赏角度给我们提供了变幻莫测的张
力，体验到大自然的创造竟然与人生
有了不可捉摸的相似性。人生的体验
可以在与奇石的对视与质询中生发开
来并因而在与奇石的对撞中延伸联想，
形成在奇石欣赏中的一种带幻象性的
艺术体验。这是二。

我们还可以从奇石创造的模糊生
成中来欣赏奇石，它的形象符号与画
面语汇会给你带来更多的思考与想象，
想要穷尽它的艺术潜质与图像关系是
非常难以达到的。不少奇石的表现程

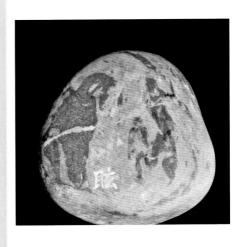

沙石·炫

度是模糊的、不确定的，你用一种习惯的、简单的观察方式有时会有错觉，还会有失误与游离的分析。如《认祖访猿》的正面是一幅人脸，左眼以下是一个蹲踞的猴子。这种超乎寻常的奇异生成不是令人吃惊的吗？它远远超出了源于德国的格式塔心理分析法，即"形式在感觉中生成"的含义。就是说在一个主体图像中，艺术的局部相加会形成另一种新的图示，局部的艺术元素会产生一种与整体形象相制约又相联系的图示，其中，还可以有多个其他形象显示出来，形成新的综合的观察方式。

在现代主义艺术的表现中，有人对工业革命大潮的冲击产生厌恶，对古朴、宁静的古代田园生活产生了向往，因为工业发展有着非人力的破坏作用，于是，有些人就在自然、厚拙

花岗石·CEO·首席执行官

雕塑·吻

而又简洁的雕塑中去寻求新的艺术追求，塑造了具有浓重的民间艺术色彩的现代雕塑。

罗马尼亚的布朗库西在1912年创作的《吻》具有新的意义。他曾被推崇为"大部分立体主义雕塑的鼻祖"。他的《吻》与民间传说及原始艺术紧紧相连，形体简单而材料粗糙，但生命本源上的永恒精神却唤起人们的感应。原始的纯粹、现代的结体，使生命力量代代相传。这种情景在奇石中更为多见。奇石中的朴拙与粗糙让形象的生成更带自然色彩，更有一种从远古至当今的翻覆往来的忆念。

《岁月无声》与《认祖访猿》这两件大自然的作品有它实体可信的形象，从空间展开了一条运动中的"力线"，聚合在形体的整体结构上，让雕塑的沉重感在一种自由而舒缓的空间里运动，人物的内在气度与形体的

生动表现统一起来。力量中的柔和与刚强，结体中的飘洒与优美，显然对人更有奇异的吸引力。

《媚》这块奇石便可以从今天的角度解读石面语言的叙事特征。《媚》中女子神情兼备，在眉眼飞动中有种获得成功后的自信与优越感。神情意态从脸庞上一览无余，很有实在感与想象性。你还可以从不同生活层面上去捕捉已发生的事情，甚至从性格推广到地域中的想象：她是关中美人或是津门女性？是当代人或是民国时期的女人？这些奇石从神情的表现特征上给人的启示是多思的、多角度的。不管如何想象，都有一个生活场景让你附会其中，这种理解的多义性在于它形成了虚实相生的、抽象与具象互化的艺术欣赏，有巧与拙的、粗与细的图像构成的观察。艺术审美的多样性让奇石艺术表现力的多样性统一在一起，亦情亦意，亦趣亦味。形象上的模糊状态与奇幻感让你把石艺的奇姿异态、神情魅影观察到洋洋大观中，让天地人物和谐相碰、自由交流。正如明末清初恽南田所说"意贵乎远，不静不远也；静贵乎深，不曲不深也。一勺水亦有曲处，一片石亦有深处"。赏石能从静中求动，曲中求深，以一小物观大千世界，可达到绝千里于咫尺，呈万趣于指下的审美效应。这是三。

奇石欣赏中的多样性即多义性是

沙石·请君入瓮

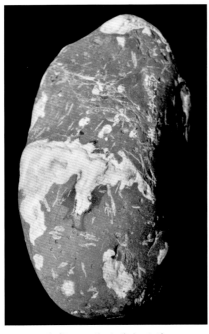

花岗石·偷吃萝卜的羊

根据人们的不同欣赏能力、不同视觉映照中形成的，同时，我们也会从奇石的深度表现中、从历史切面上对奇石作出思考。

奇石具象的细节是复杂的，有时候在一块奇石上会一脸呈于两面、一体有两人相黏的情况出现。交替画面中有细节的矛盾与纠缠，在画面上会有双重效应，当你把《CEO·首席执行官》倒过来看便有另一种情景让你惊讶了。你再看《雕风霜》下端还有一幅笑意盈盈的脸相。这些双重形象画面的出现，在绘画中是少见的现象。这是奇石的独特性带来的美学效应。

如《CEO·首席执行官》这块奇石，一看便在视觉上具有一种冲击感，直觉的感受与精神的相交在不经意中开启了你的心灵之门：他的短发竖立，鼻大脸肥，下颚上抬，神采昭然。石的红黄色调还有一种温度感，使形象的能力更加饱满、充实而又从容。在他身上，是否也贯注了一种时代特征与人文色彩呢？你可以有不同的设想，但至少暗合了不同人生层面上的不同审美感受，欣赏的趣味是不会相同的，表达上自然会有多样的可能性。

《请君入瓮》便可从历史层面上做一番体悟，需要几种解读才能完成对它的欣赏。奇石有时也主动，直接地向人诉说，或者替人诉说，有无语而言、无歌而吟的形态特征，有种暗合于人生命运的明喻与暗喻之意隐藏其中，尤其在肖像石中最为明显，除了稀有，也许这正是人们迷恋肖像石的一个主要原因。《请君入瓮》这块奇石的历史空间是随物象的鲜活形态而打开的。"夫物象必在于形似，形似须全其骨气，骨气形似皆本于立意而归乎用笔"（唐·张彦远）。这块奇石的形似与神似都在于像一个画家刻意施笔入画一样，有一个"骨气"（力）：下跪、持笏、脸上的诌媚都充满了动感与光感。这为我们复读着历史现象而充满了观察的喜悦，也抬高了欣赏奇石的鲜活层面。

《偷吃萝卜的羊》便是一种寓言式或童话式的理解，在它隐蔽的艺术

大理石·雕风霜

花岗石·留下买路钱

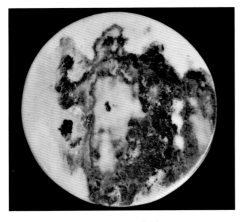

大理石·拳势

主体中透视出有趣的生活发现，与人们日常生活情况相碰撞而形成欣赏趣味。这种欣赏是带有民间情调意味而被生活化了的灵感认知。《雕风霜》中可以从他脸上看出他内心的强劲硬朗、稳定沉着，有一种历经风浪而不折不挠的精神。他脸上的肃穆与坚韧，如同出自大师手笔，以笔墨的虚实变化、取舍得当，才真正达到人物神态

与笔墨形式的一致。在他的脸上，青春已逝、磨难未消，积怨已久的苦痛让他有了对生活挑战的能力，岁月刻下的痕迹已从嘴角到帽檐上消解了，从脸上透射出了一种生活境遇上的真实性，有种叙述着人生艰难过程的无尽意味。

从这种赏石理念上可以看出，我们以人生经历与石体形象在一种情节纠结中结合而显得更为实在、更为丰富、更为坚韧。有人说过，"如果不保持一定程度的陌生感，就不会有出类拔萃的美。"这种陌生感在欣赏奇石时是隐秘的，没有一定的成规与艺术样式可以参照，但它又是充满新鲜感与独特性的，有多样性欣赏空间，有层出不穷的变化。它不同于对书画的欣赏的相对稳定。欣赏书画有一定规则可探，甚至视觉体验与思维模式也可以找到相同或相近之原本；而奇石欣赏，有更多新奇、更多的感情与感动潜藏其中，石语的丰富性与奇异性让我们在欣赏中不断地进行着这种转化。在奇石图像构成中，荒诞性与讽喻性也是奇石欣赏多元性的一个课题。肖像石的荒诞内容有时在一种夸张与谐趣中洋溢出幽默与讥诮，让人情不自禁地去开放情思，凭人生阅历的扩张而更有一种艺术韵味。《留下买路钱》中的"李鬼"口眼大开，双手舞动板斧而使形体更加夸张，充满

荒诞与滑稽感。这个画面让人越看越有趣，有多少猜疑，让你去慢慢体味。在不少以脸谱为成像的粗粝造像中，更具有中国戏剧脸谱的造型特征，它们唯独缺少一道五色油彩的涂抹，但就从简洁的、立体的五官透视看，一副脸嘴有一副脸嘴的人生故事，有一副脸嘴的独特创造，放在一起会让你忍俊不禁一笑、一乐，它们可能是划桨者、伐薪者、耕作者、围猎者，没有一个显尊贵。面对这种人生情态，当你入此境时可会有几多理解，几多动情？人生百态的况味溢满心胸。这也说明在奇石欣赏的三度空间的基本形态中，其各个层面都有不同形式的美感，在变形与虚拟中都与人们的美感契合相通，并调动了我们思维的艺术扩展。

沙石·脸谱（1）

再看下面几位人物饱经风霜的颜面，更让人浮想联翩，它们穿越了历史，从心理上到身体上的困境与挣扎深深地刻写在它们那几条简略又实在的线条上，一股人世冷暖弥漫开来，自我观照与冰冷物类比，画面呈示出的是多样性中的偶然性、偶然性中的独特性。这种自然与人生的结合，在可视可亲中悄然绽放，使欣赏的敏锐与情绪不断扩张，形成艺术审美的集中聚合，让人在欣赏中情思不绝、趣味盎然。这些奇石中，每块奇石都有一个隐秘的主体精神，可以再现人生在某

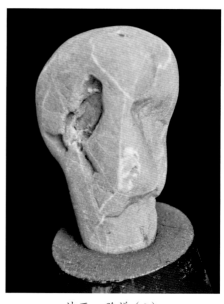

沙石·脸谱（2）

种社会关系中的独特意味与变化情景，凝聚万千世界而又与人生转瞬的情状重合。它不必去迎合谁，不必去疏离谁，不必去对号入座，从形象的基本形态到细节的直观上都可以各取其意。因为只作为一种心理需求与欣赏愿望，自然会有不同人的情感投射与爱好偏移，静观默察，奇石磨砺的历史过程也会在心中膨胀生发。在欣赏奇石中，让你纠结的是，这种潜在的相互对应，会在奇石中找到一种接近人生常态的距离，即亲和力，一种出于对自然亲和而产生的陌生感与探求欲望的情节表达，一种欣赏中的角色转化关系变动的微妙经过，这些都是奇石欣赏中的主动效应。欣赏奇石的多义性，正是在欣赏转换过程中，形成了与奇石的多义与多变的亲和相融的结果。这是四。

《到满》一石，好像电视连续剧《赵氏孤儿》中的反派人物到满，他斜戴毡帽，眼神得意，鼻孔上翻，将内心深处阴鸷、可怕的情绪都传达出来了。如果将奇石艺术与其他艺术形式比照，会扩展审美的范围，增加奇石艺术表现力的多样性。

在奇石审美的多样性中，还必须谈谈欣赏奇石的艺术敏感问题。奇石的美学意蕴那么强烈，它会调动欣赏者的宗教意识、哲学意识、艺术情趣与生活经历并形成综合欣赏，对奇石

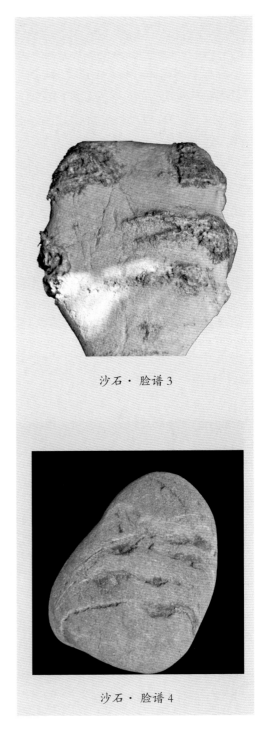

沙石·脸谱3

沙石·脸谱4

的认识深度增强，从而达到不同程度的诗意诉求与审美想象。奇石的不同形态与不同画面有它自身的艺术呈示。从画面的生成上看，不管是水渍式的、镶嵌式的、粘贴式的、木刻式的、色彩与线条混合式的；从艺术表达上看，不管是浅浮雕式的、立雕式的、透雕式的，都带有明显的艺术标志与美学内涵，让每个人可以有不同的理解，越有艺术审美内涵的作品越能提高审美情趣，越有审美敏感的人就越有对奇石的多样性审美追求。奇石有不同的样式与情志，不仅仅是个单一的立雕构成体，有时每面都可以有神秘的生机与不可捉摸的内涵，奇石的通体会有奇观式的表达手法，产生出观赏隐喻的丰富性与多义性特征。奇石诱发了人们对奇石自然生成时内在活力奥秘的探寻，即生灭、聚散、转化、结体中自然活力掩藏的奥秘。所以，从对奇石的形态到美感的想象，自然需要有一定的艺术敏感的沉淀，这样才有周到的艺术体味。

培养奇石欣赏中的艺术敏感，主要还在于常看、常分析、常交流，在博采众长中达到独观一面。自然，学点美学、学点历史、学点书画也是必要的，这对你的赏石审美会有较大的提高，并进入一个新的审美境界。

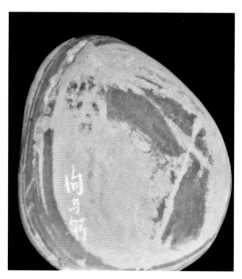

灰沙石·伛与躬

风砺石·山月之苦

泥沙石·变形

六 奇石审美中的审丑

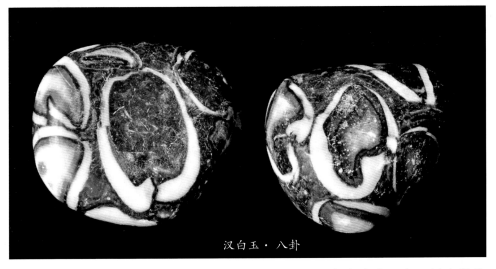

汉白玉·八卦

在奇石审美中，早已包含着一种独特的、具有极高美学价值的审美情趣，这便是对石的瘦、漏、皱、透的一种丑陋形态美感的喜爱。越丑的石头越是美的，是石中的上品乃至精品，这是人们早已达成的共识。此时，奇石的形体美、画面美尽然不是一种轮廓清晰、完整无缺、稳定雅致的美的呈示，而是让丑怪的形态与奇诡的画面占了上风，大自然对坚硬石体以风雨剥蚀与水火洗练而形成少有的丑、奇、怪、漏、皱等形状，在残损中构成一种相对的统一与和谐，在透漏中

展示沧桑万变之痕迹，在丑怪中激发万象百变之谜团。这种陌生而又奇异的变化，既让人们感到自然变动的皇皇功力与变幻莫测，又显出人类认知自然力的渺小无能而形成悬疑重重。时间与自然的意外纠结重新外加给了人类不一样的审美体验，自然之为美既以美石为美，也以丑石为美，奇丑石更美。它的丑是从一种宇宙世界的杂陈中产生的真趣与天性的表现，有了一种奇胜巧变、险怪残荒的美感。

古人曾说，"但知美之为美，斯恶也"。"恶"即丑也。还有"石丑

而文""陋劣之中有至好,石之一丑则众美俱出"的说法。郑板桥对米芾与苏轼的话做了诠释:"米元章论石,曰瘦、曰绉、曰漏、曰透,可谓尽石之妙矣。东坡又曰,'石丑而文',一'丑'字则石之千态万状皆从此出。彼元章但知好之为好,而不知陋劣中有至好也。东坡胸次,其造化之炉冶乎?爕画此石,丑石也。丑而雄,丑而秀。"丑石中有雄奇,丑石中有文秀,这是郑板桥以丑为美的有代表性的两种说法。

应该注意,奇石中的审丑不是生活中的恶丑、臭丑、俗丑、怪丑。它是以奇异特征为主体的"丑"。人类社会中的审美是由简单走向多样的,是先由较简略的"丑"走向多样性的美的。如岩画、彩陶纹饰、甲骨文等都代表人类早期的审美特征,在一种

风砺石·头像

风砺石·云朵

简单而奇异中,美的原始状态便有了丑怪中的奇异之趣与简单中的多样之义,开启了人类审美的多样性特征。亨利·摩尔说,一切原始艺术最突出的特点,是它们那生气勃勃的活力,这是人民对生活直接感受的再现。这说明奇石审丑更突出了对那些原始艺术中生气勃勃的那种"直接感受",这是事物发展中一正一反的两面给人类带来的美的感受。实与虚、完整与残损、满与漏、平与皱等等在两个方面都有不同对比,正的一面能呈现美感,反的一面也能表现另一种美感。而丑的美不只把正面的美补充了,甚至把它的美颠覆了、破坏了,它不仅让审美视角有焕然一新的变化,而且用丑的美增添了审美意义上更完整的美学感受。

《吕氏春秋》中说:"彼以至美不如至恶,尤乎爱也。故知美之恶,

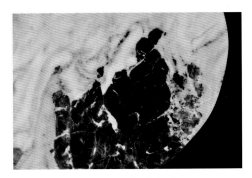

大理石·相见如故

知恶之美，然后能知美恶矣。"美恶相掺，知美得知丑，二者比较才知什么美、什么丑；丑在与美的对比中丑到什么程度才会有美的显现？这些便使我们对奇石中的丑的探讨有了更大可能性。因为奇石中的丑是自然力的创造，不是虚假的、人为的思想渗透其中，丑向美的转化至少让奇丑、怪丑成为新的美感。这是大自然为人类创造出的一种艺术样式，经过不断地淘滤与推敲，成为一种欣赏中的美学形态。它的意义在于，它是"求之于无象之外"的一种思量与表达方式，它超越了一般形式之外的特征，有了一种不同寻常的欣赏要求。这种从历史意义沉淀下来的审美欲求，实际是大自然精灵创造天地时早已为我们准备好的另一面审美镜子，它有从审美观念上到审美趣味上的一种侧重。

世间有阴阳相存、黑白相守的统一与矛盾的区分，那么在审美的有形与无形、形的多变与巧变上，使美与丑的两面也有了自然天趣，这在奇石上更显突出，它反观了人们在意识领域中，对美的多元空间的审视要求与美学探求精神的解放与扩展。古希腊的著名雕塑《米洛的维纳斯》的双臂已残缺，她形成的"残缺美"给人以无限的想象空间。法国雕塑家罗丹说，在自然中一般人所谓的"丑"，在艺术中能变成非常的美。他还说，的确，在艺术中，有性格的作品才算是美的。所谓"性格"，就是不管是美的或丑的，只要具有了某种自然景象的高度真实，也就有了"双重的真实"。他把艺术中虚假、浮华、做作、纤柔等当作是丑的，所以他才有了"在自然中越是丑的，在艺术中越是美的"一句名言（《罗丹艺术论》）。他的《巴尔扎克像》外形上有着怪异与丑态掩藏其中，雕塑完成后，遭到不少人的反对。只要了解巴尔扎克的作品对人世社会揭露的深广度，了解罗丹用七年时间塑造了这位人类灵魂伟大探求者的形象，便可以将内在的深厚与外在的丑态融合在一起了。它深刻地反映了罗丹对人类心灵的复杂性与外在的丰富性的探求愿望。

奇石的残缺也会形成一定的奇险幽怪，从而增添了变化中的丰富与神秘，提高了人们的审美欲望，它反映了人类心灵的丰富性与真实性的追求。鲍桑葵在《美学三讲》中说："一切

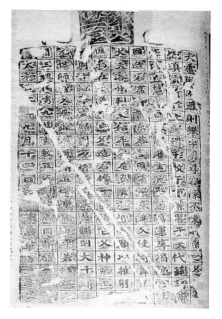

北魏·龙门始平公造像记

事物与美相冲突，或产生一种影响与美的影响恰恰相反的欣赏点，这就是我们所谓的丑……如果它是有表现性的形象，那么，它就寓有了一种情感，就落到美的范围里了。"这说明奇石的丑，不仅是表现性的形象，还有一种情感、一种带象征性的情感表现，化丑为一种美感了。如在中国树桩盆景里面，有种艺术的包容性的表现特征，不管这些树干、树根如何丑怪，只要有生机，在单纯与稚拙中有着无尽的想象内容，在审美领域内便有掩藏不住的美透露出来。人们在审美中超越了过往的一些欣赏惯性，有了新鲜的精神追求，把日常习惯的审美形式扩展开来。丑的东西，在日常生活

中还可以得到更多发掘，它的多样美感还有较大的欣赏空间。奇石的丑表达了人们对奇异与丑态认识上的突破与发展，使审美的异化有了新的一个着力点，人们关注丑中的美，便将奇石的怪、险、绝、丑中的美感一同接受了。

形态的多样性与奇异性是丑对美的一种诱惑，是对美的另一种转换生成方式，让审美在不确定性中增加了新的联想，激起了从丑到美又从美到丑的一种特殊的思量过程，奇石形象中美丑既兼容而又矛盾的不确定性，形成了丰富奇异的视觉变化，产生了形象与符号在分解与整合中不同寻常的表现能力。

奇石中的审丑是以一定的艺术生命意义的形式来反映的，它体现了人们在生产生活中、精神生活追求中的丰富性与独特性。作为一种表达生命力的形象创造，美的质感从隐蔽的、在另一种不同寻常的艺术世界里表现出来而让人惊异。如太湖石被不少人喻为是有人文精神的石头，它那骨质中的坚硬与不屈灵魂的物质表现，是自然与人世沧桑的一种永恒性表现形态，整体的瘦骨嶙峋中有种历尽磨难后艰难存活的坚强体认，各个洞穴中的四通八达又有透脱感与爽朗感。形破无常便有常，多穴多窍有了形式美的独立特征，极不规则的万千变化的

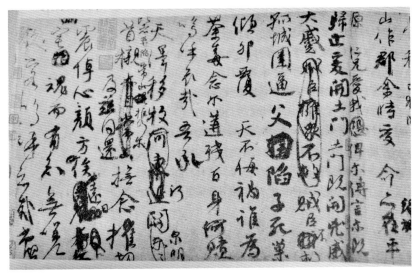

唐·颜真卿　祭侄文稿

奇丑中形成奇美的丰富内容，新的美感形成了。清代李渔在《闲情偶寄》中对奇石的奇美与怪美有一段论述："石上有眼，四面玲珑，所谓漏也；壁立当空，孤峙无倚，所谓瘦也。然透、漏二字，在在宜然，漏则不应太甚。若处处有眼，则似窑内烧成之瓦器"。奇石的丑的限度也在于"在在宜然"，如丑中无美，丑中的美便被破坏了。

在奇石的审丑中，那种虚像和幻象的追求，那种离奇形态的体认，那种丑中寻美的哲学思考，都让奇石的审丑确立在对不同生命意义的精神品质的追求上，何况那种天然制作表现出的大气象与突变式的特殊生成，更令人爱不释手。此外，在奇石的审丑中，更多一层是由自然界中的险怪、奇异、珍稀的巨大变化所吸引，使人们形成

心有所移、情有所专的。从视觉到心境中都由于其丑美、奇美、怪美、险美、变化美而从心底生出一种探求的欣悦、追逐的欲望，它从人们的欣赏观念上有了一层更深的吸引与打动。这种审美门类的开发，与常见的岩石相比较，自然因珍稀而少见，因少见而更有为、有味，丰富了人们的审美趋向与审美欣悦。

奇石的丑是自然形成的一种原始的纯朴生成，成为单纯自在的、没有一定之规的美好展示，有别于一般生命力的表达，当它那么单纯地出现在人们的视野与观念中，几乎没来得及作较完善的阐述或做出某些品评标准，便已传乎大众、贯乎民间、走上文雅之高台了。奇石中的这种审丑，必然冲击了原有的某些约定俗成的欣赏秩

序与习惯，让审美观念有了新的变化与突进。戏曲中花脸的脸谱很夸张，有漫画般的丑，但它又以一种抽象与象征来决定人物的形象特征。包公、鲁智深、张飞那善良而勇猛的内心，却是以一种大花脸的外形来表现，美的内心与丑的脸谱相互融合，至少在形式中的丑里包含着某种美了。他们的表演发展下去，便有了创造主体那种离奇而又神秘的错觉之美，丰富的言说力量从美与丑的相互混搭中让人陶醉，艺术美感从丑中有了突出的欣赏意蕴。

这里，有必要将奇石的审丑与中国书法的审丑作一点比较分析。

中国书法从甲骨文、金刻、汉竹简与后来碑刻的自然剥蚀中留下了历史悠远的斑驳与残损，而这是在人工刻画后的自然损坏，这层损坏竟然将原先的完美变成了一种残缺美，从整体上的一层剥蚀，让线条美、结构美、间架美到章法美都有了一种似乎不堪入目之感，但它又从这残损中透露出一片新的生机、新的活气。它从原有的规整中突出了一层反差对比；让原有的圆润整齐又添上一种自然折损的虚拟与变幻，甚至在一块碑石上突现出无数星花乱点，把经文与碑石的死气硬重变成式样多端、美轮美奂的表现，让它们的凝结厚重平添了一种气韵生动的活力。这种美的变异首先呈

灰沙石·妙相庄严

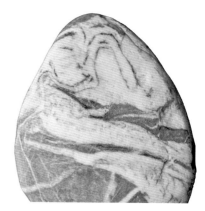

汉白玉·线描·忧

现的是一种对历史悠远的回忆，从回忆进入自然形成的审美的求新。在品鉴这些书法时，给人们提供了完整与残损相对应的统一；虚与实相克相生的互补；深与浅的突现与收缩；清晰与模糊互为表里的变化；整洁与凌乱的相互补充；计黑当白与计白当黑的恰到好处等多方面的比较。审美有了深入有趣的探究，使书法审美打开了一个新的空间，也平添了一种新的书法

审美门类，在审美变异中突出了另一种美学感悟。唐代颜真卿的《祭侄文稿》一文，他饱蘸着血泪为兄长与侄儿的战死作书为祭，由于情感的强烈难抑、痛心骇目，形成书面上的挥洒涂抹、圈画重墨、急缓难抑，直让满纸如血泪交迸、悲愤填膺，有了一种在稳定流畅中的剧烈变化之美。在重黑浅白的美感中做到了达性情、叙哀乐，书写中见多种体格的生命力量的展示。试比王羲之的《兰亭序》，二者有一激愤一端庄，一悲怆一悠闲的不同。在以后，有明朝的徐渭，清朝的八大山人、金农、黄慎等，书写变化上往"丑"与"怪"中突破明显，自成一格。而书法审"丑"的发展是有书法的规定性的，是有一个度的，不可信笔乱涂，不能把"丑、怪"当作书法发展的主攻方向去做，这是后话。

也许中国书法中以丑为美的观赏习惯在竹简、碑帖的自然残损的映照下，书法审"丑"会成为一门审美美学需求而不断地拓展开来。

玛瑙·芭蕾托举

七 奇石欣赏中的民族性特征

大理石·小马奔奔

沙石·笙歌归院落，灯火下楼台

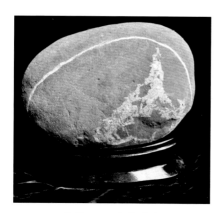

灰沙石·东郭先生

随着不同民族文化的发展，在不同民族文化背景下的赏石内容也有了差异性与特色性。中华民族欣赏奇石的传统与奇石文化的流行更带有中国民族作风与民族特质。苏东坡曾把赏石推到了一个新高度，他曾有居无石不安，室无石不雅，园无石不秀，山无石不奇的感受。白居易等人有赏石益智、赏石怡人、赏石陶情、赏石长寿的主张。这些思考，已从一些文采风流、气度高雅的文学大家的口中诵出，可见中华民族赏石的精神与韵味在当时已达到了多么完美、多么深刻与雅致的程度。以白居易的诗句为题的《笙歌归院落，灯火下楼台》，画面中的两个女佣正从楼上下来，执盏托盘，相顾而视，也许一场盛宴已罢，但楼上宾客意犹未尽，还可以听到楼上丝竹管弦的喧响，可以听到觥筹交错的热闹。透过画面的理解而形成的联想，仍基于中国古代文学中的诗情画意的联类及比，在陶冶性情中，赏石会从"游于艺"的方式转入"游于心"，甚至进入"融入道"中，将艺术与社

玛瑙·火

会生活等汇于一体，并由一个接一个的历史话语转化并传达出某种生活气象，民族意味十分浓厚。文字石《火》正应了成语中的"怒火中烧"两眼喷火的命意表达，人们的感受会统一在这个汉字或成语的基点上。因为奇石本无思想也无生命，但奇石能呈现思想与生命，这必须是在一种独特又熟悉的民族心理、民族文化的背景下，才会从石体的形象中找到思想的外化、生命的突显，达到得其形又取其神的地步。民族元素与民间元素回归到奇石的传统赏石里面，总需要一个文化思想的触摸与表达，然后进入赏石的阅读与思考里，既可以从某个历史文化的角度中获得启示，又可以在独特的生活话语里达成与自然生命的某种默契交流，从丰富的历史文化气息中

给我们更多的精神陶冶。

中国传统审美中强调审美的整体性。艺术品完整形象的审美，形成中国文化发展中一个有标志性的审美愉悦。无论诗词、工艺美术、绘画书法，一开始便强调一个有机整体的独立存在，局部性的构成因素难于割裂整体形态的基础，方块字便是一个代表。审美的整体性必须在完整的视角上来达成对一件艺术品的认可，因而欣赏角度不同会产生不同的美感，角度变幻的艺术力量是艺术始终如一的追求目标，而奇石更加具有欣赏的多角度的变异性。欣赏奇石时在主体上的观察虽有主次的区别，基本形态的完整与独立尤为重要，次要的部分是为主体表现而存在的。我们欣赏奇石的表现力，也可以说是从民族文化特征的整体性中获得意趣的。每个石面的艺术造型特色各异，有了浓重的乡土意味，不少石面的构成也便蕴含着中国

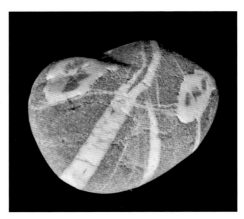

花岗石·怒火中烧

民间艺术构成的特色。如有泥塑、面塑、石雕造型的，如有皮影戏人物样式造型的，有戏曲脸谱式构成的，也有如青铜器中的图腾装饰性特征的，还有如从陶俑、木俑、剪纸中脱胎出来、具有生趣而稚拙的造型特征的等等。不管是大写意式的奇石，或是精细雕刻的奇石，在其丰富的裂变与凸显的艺术样式中，或浪漫，或写实，东方之美质与中国之美性自会深刻地体现出来，它们的一颦一蹙，一喜一怒，让人似曾相识，活在乡土里，活在俗常中，活在熟悉又陌生的记忆里。

　　前面的《请君入瓮》一石，不仅一目了然，而且还会对这个神态鲜活的人物浮想联翩，人物的下跪与起立以及表情上的扭曲与恍惚、逢迎与吹拍的形象突出，视觉的焦点从手里的笏板转向脸上的神态，集中点仍没有被分割。这说明你可以从图像的意义中做多棱多面的判断，欣赏中可以从对历史的理解程度上来扩充想象。如苏东坡的诗《儋耳山》，有"突兀隘空虚，他山总不如。君看道傍石，尽是补天余。"这便有了叙事性样式的审美层次，让图像以典故、经历合成的意义方式，达到一种具有情节性的欣赏效果，这种效果仍建立在浓重的传统文化的特征里，民族传统文化的历史背景隐藏于其中，就形成了新的欣赏喜爱与偏好。好的奇石的美学意

沙石·万（繁体字）（1）

沙石·万（2）

沙石·到家了

汉白玉·酒

蕴那么强烈，尤其是对肖像石与文字石的欣赏，更包容了宗教意识、哲学精神、现代生活境况的综合欣赏内容，它们的形态中有着不少深层次的暗示、象征与寓意，从而达到不同的诗意诉求与审美想象。从现代生活出发，《酒》这块奇石，可以从今天的生活中求得更多的原形对照，审美可以直达人的心底，因为图像中有个引人入胜的玄机妙趣在起作用。"酒"旁的两位老人，上边这位老人专注这芳香四溢的酒罐，胡须在抖动，眼神迷醉；下边这位老人口里似乎还呼出阵阵热气。画面中乡土味十足，世俗味十足，这不正是最具民族性的艺术表达吗？可以这样说，在大众文化的传播中，奇石文化也是最具有强烈民族色彩的、通俗的大众文化之一。

当人们的艺术美感与奇石的艺术形态相结合时，具有民族文化精神的欣赏与传播也更加广泛。从民族元素与民间元素回归到奇石自身，总需要以一个文化思想的触摸去表现观赏时的阅读思考，可以在人性化的启示与生活化的环境安排中，完成一种对自然与生命、人性与人情的交流，形成精神的默契与想象的追求，揭示出丰富的民族文化内涵。从传统的赏石历史上看，人们是从探求与理解上，是从形体与精神蕴涵上来分析奇石、审美奇石的。如最早的有唐朝白居易"百

花岗石·殇

仞一拳，千里一瞬""削成青玉片，
截断碧云根"的观石气势；明朝倪元
璐的"静而有文，不可不语"的会
心会意，他对奇石还有"如其飞来，
必有攫去，此石头禅，不去不住"
的亲密相谐；有清朝郑板桥的"谁
与荒斋伴寂寥，一枝柱石上云霄。
挺然直是陶元亮，五斗何能折吾腰"
的立志寄情，不仅带有浓郁的民族
精神特征，还有深厚的人性人情表
现。但真正在奇石审美上达到的新
突破，还是在现代经济大发展的中
国、在中国艺术交流百花齐放的年
代。

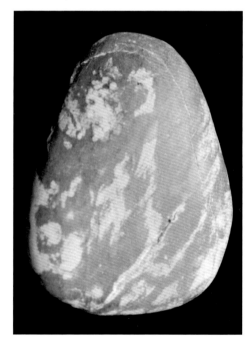

灰沙石·红杉

中国奇石欣赏更与中国山水画欣赏赓续一脉，也与儒、道、佛之象、老庄哲学更加亲近，这种隐藏在欣赏中的传统观念，形成赏石的民族民间的规约性特征，是十分值得探讨的。这里需要提及的是，在经济全球化与文化广泛交流的同时，奇石欣赏的国际交流与传播还有很大局限，没有得到有效扩展与现代性的变化。如何让赏石在心理层面、文化范围、艺术构成、石质区分与社会需求等方面有更广泛、更深层次的探求与交流，从社会认识与价值取向方面有共同认知的审美准则，有赏石界的广泛交流、探讨与合作，这是赏石在民族性的发展与现代性的结合方面一个新的探求课题。

大理石·逝者如斯　不舍昼夜

八 奇石欣赏中的禅意

沙石·望山僧独归

面对奇石语言，或单一或复杂的石体都有无尽的情思表现，如果将几件奇石交流组合在一起，便透露出更多的悟道。禅在梵语中为沉静，译为静虑、集思冥想、皈依苦悟、终成大果之意。《万年石佛》是最具启示性、象征意味的奇石，这个立体石佛的天然杰作，颇有静穆中的伟大的意味。人已化为石，石佛与巨石相合相生，洞内的简陋陈设与石洞内倾格局，正体现佛道修炼的艰难磨难。该石骨气老道，坚实的骨感浸透在石形石像的立体画面中，形成有力度、有硬度的变化幅度。《坐看云起时》这枚奇石，画中老者心境平静，端坐着远看云起云飞，看云可以静心悟道，是禅意中自我观照的常见现象。如观月一样，只能看而不能求。图中老者是以这恬静的心境去与大自然交流而达到物我两忘的双向渗透。为心意，为境契，正应了禅之语"雁过长空，影沉寒水，雁无遗踪之意，水无留影之心"，这是从欲界到禅界的一种心情过渡的生动景象。

奇石形象的独特性会暗示出与人们生活相关的社会环境与生活状态。如下面几块肖像石中的人物，在一定环境中便以一种精神守望与人生寄意而存在着，人们的精神生活便可以从某种意趣、某种禅意表达中有了新的艺术感受，这既有鲜明的传统精神，又有着与现实相连的厚重感，在奇石审美中有了

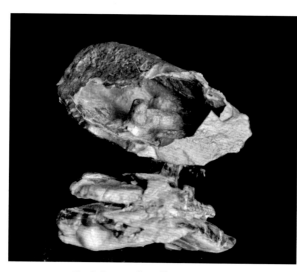

风砺石·万年石佛

灰沙石·坐看云起时

意味深长的体验，甚而形成了一种审美共识。

　　说到禅与石，苏东坡的以石悟禅最可称道。他把一盆彩石送给佛印禅师，让这盆"禅石"去体味其中深藏的自省、洞观、静寂，以便让自己的情操陶冶得如石般硬朗、石般沉寂，从与石相交中达到明事理、悦性情。另一块奇石取名为《望山僧独归》。"隐隐何处起，迢迢送落晖。苍茫随思远，萧散逐烟微"（唐·韦应物）的空寂而又飘渺之境，望着僧人独立远眺的情景，内心宁静淡泊的境况弥漫开来了。《踏花归来》用王维《杂体》诗中"君自故乡来，应知故乡事，来时绮窗前，寒梅著花未"中那清淡而空

沙石·踏花归来

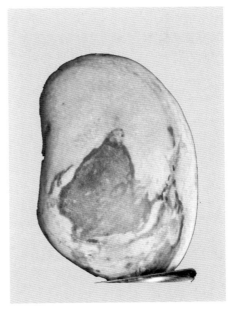

沙石·云在青天我在瓶

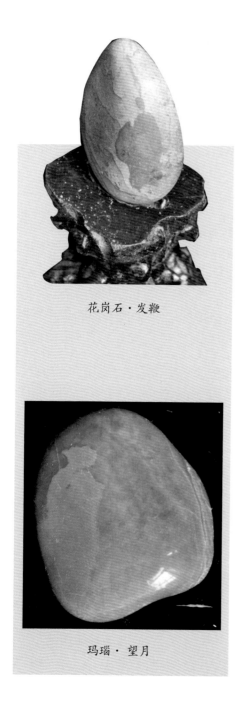

花岗石·发鞭

玛瑙·望月

疏的情调来推衍。不问人反而问花，从花开花谢中想人情人意。诗意拉得远又收得拢，画中的僧人踏花归来，闲适与舒放清寂中有着寻求乐趣的超然心志，更是禅意在远近大观中的心态，它让环境与禅意表达结为一体。还可以用陶渊明诗中"尔从山中来，早晚发天目。我居南窗下，今生几丛菊"来推测禅意的机理，在以虚化实中自托言外之意，作深远处的一番心灵畅游。石虽小，却是一个充满圆润与完满的寄意之所在，"月印万川，处处皆圆"。一石一画，可从禅语的"一无量，无量一"中指出一切事物相融相印并得千岩万岭的妙趣，这便是古人的奇石与禅意思想的合一，寂静无存、天地融心之性让赏石溢满诗境。同样，这些石头让禅意精神的"虚无""消极""空远"的显示与自然的亲和力相互圆融、相互摩擦，从而有种旷达之观，有种观取自如的自由自在感。这种奇石的石语是与中国古典诗意的结合，尤其从禅诗意理的结合中形成的，确实以一种神秘性在印证着观者的情绪思考，把难以捉摸而又能感悟的禅意融入其中了。所以，在奇石审美中，当把审美主体进行再创造时，不只是在感受其丰富的内涵，也会根据一个民族的思维习惯与信仰特征而进行加工创造，在这种虚实关系的交替中，我们的审美便进入一个更高的层意了。

石无言，你却有意于观石中，摆脱了人世的复杂混乱后，力取清淡平和，超然于物；外又自入其中，清静度奇石，心身尘外隔，这种观石的心境便自带有一番禅意。

我们前面所引用的佛像造型石，在观赏中用"语无际，不可言过"（王维），让你的思虑与禅意不谋而合，身心入尘外，烦恼石中忘。以禅思观石，有天趣的审美效果，直抵从直觉上到灵性上的观照与提升。这种欣赏选择的形成，是石之趣未必然而赏石之心未必不然的自然欲求。既入石趣，又超越石之画面；既有审美中的拓展，又有慧心佛性体悟的自然本能。正如"菩提本无树，明镜亦非台。佛性常清静，何处有尘埃"所示，赏石自会直入天地之外，身从自然之中，欣赏

花岗石·静思

就有味了。

《静思》这块奇石，在深黑色的背景中他静心而坐、沉默而思，时光在心中流逝，更使他的思想在幽暗与隐秘中沉寂无痕，这是禅意精神静思独处时特有的"入定"的一种表达方式。

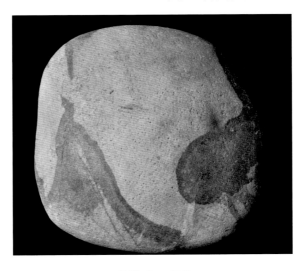

花岗石·荷塘

九 奇石欣赏中的时空关系

红石英石·大河上下

奇石作为一个物质空间存在着，赏石又在一个精神空间里发生。物质空间的表现形态中又有时空交织着的客观性质，它包含了石体在对不同美感的表达时生成的时间过程中的空间状态的演变等内容。而当你进一步在头脑里创造出新的意象时，又有一种时空交替着的感受与变化，从而欣赏便成了在空间状态中体味时间运动过程的一种艺术赏析。在空间的有限性中包含着时间无限性的延伸，使赏石便有了更大的丰富性与冲击力，奇石形态内涵中的不同的时空规定性，也让人们有了更大的体验空间。

奇石欣赏有这样几个时空关系表达的方式：第一层空间感是由大到小的浓缩，它不只是由巨石变化为小石，重要的是由大画面磨砺演变成小画面、小形态，从而在观赏中以小显大。"竖画三寸，当千仞之高；横墨数尺，体百里之迥"（南朝宋·宗炳）。我们用评画之理评奇石，也会有异曲同工之妙。其次，欣赏时首先呈现的是时间蜕变的永久、经历的漫长后才有这空间形体的构成。材质的浓缩是以时间的发展去透视空间的变化、表现空间形式的广阔；又从石体空间留待的表现形式上去体验时空交替中的无限繁复的发展过程，心灵体验也集中在移山填海、天地突变的剧烈变动中。你可以从形象的设定中去探求众多的神秘含义，体验深度呼唤，让图语和形态转化为视觉的美感与多姿多彩的想象生成。反过来你也可以在欣赏中逐步让形态与图像回到原生状态，咫尺中有万古之力掩藏，有喷薄而出的大能量在时间过程中的动荡变化，这是与其他艺术形式完全不同的时空变化特征，这是大生命、大物体、大场景在巨大的自然界中包容着天地之心、万物之情、变化之理，通过千淘万滤、千磨万琢后才有这小小奇石的面世。如树化石《生与灭》，它是火山喷发时形成的一个奇幻，树干虽烧坏了，但没有形成炭，却留下内心坚硬的节杆，被水土掩埋后又变成化石。它经历了生死裂变的时间过程与空间变化奇观，才有今天的从树变化成石的生成，可以看出它的生命裂变过程的坚韧性。

《大河上下》的构图气势雄浑，上方的山势陡立，雄崖直撑而下。大河自天际轰然流过，气势难挡，长河奔喧的时间性与山野分明的空间性汇合在一起，声震山野。画面还具有立体感与流动感，形成空间性与时间性特殊的交替表达方式。这是另一种时空关系的体验。奇石让人们回到欣赏的原点，小中体大，见微知著。这是一次空间体验，布局的巧妙与石体语言的丰富性又生成新的感染力，从时间状态与空间状态上给人更多的感染与陶醉。这正如禅性中"看山是山，又不是山"，此山与彼山各不相同，置于山内而又超于山外的感悟一样，形成了"抗心乎千秋之间、高蹈乎八荒之表"的大气象。穷尽天地变化之精微、古今万物之炼铸，天地在无限浓缩后贮存于胸际而互相开通，互相隐喻，互相交流。一块奇石总会留给你一道永久难以参悟明白的话题，其形象中蕴含有时空演变的精彩故事，也会成为审美时段上的一个个美好时光。这应是另一种空间与时间交融时的观照，它是哲学观与自然发展观的视觉再现。就从透视感上看，空间位置的物象在一个层面上依次推高，纵深感逐步推进，视线场景的扩展也带来了空间变化的高度与广度，在一种

树化石·生与灭

丰富而又多样中，从奇石欣赏层面上又有一个新的开掘。

《虎》的动势是这块奇石最为妙趣之处，高立于石，侧目专注，潜在的静态中有飞跃的动势感，身形自上而下的雄姿充满起伏的威势，还具有一种腾地而起的力度，这使虎的气势跃然而出，加上它那铁鞭似的垂尾更显力量，真正在布局上达到力的平衡与形的美妙的统一。内在张力从体势中透露出来，更显虎威咄咄逼人而形成的英气，给人留下了无限的想象空间。如果再从另一种层意上来观照这只虎的表现力与征服力，将社会精神按不同的思考方式融入其中后，欣赏的想象空间扩张了，这种体验可以从不同人、不同社会层面再发散开来，这又是一种艺术空间的开放。其实，奇石形象特征中的空间感与时间感是相结合的。《天地玄黄 宇宙洪荒》是以流体的激烈动态来衬托旋转的石体构成，旋转的火山熔浆把一个个巨石搅动了，石面奔腾的气势与力量动人心魄地被引发开来了。

宋人姜夔在《续书谱》中说："余尝历观古之名书，无不点画振动，如见其挥运之时。"他是从静止的笔画中，想到书写时笔画推运振动的情景。而奇石的生成在时间性上更为扩大、更为深长、更为繁复。它在立体的、长久的运动变化中，形成了人们回溯

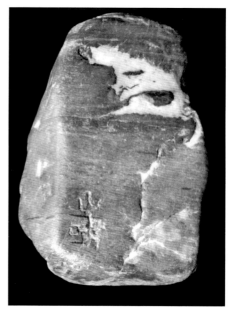

灰沙石·虎

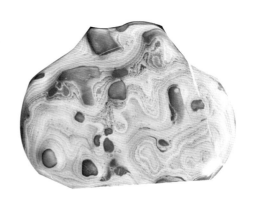

火山玛瑙·天地玄黄 宇宙洪荒

奇石巨变时的互相交叉、互为因果的生命变化过程，石的体格在时空运动中忽而剧变，忽而趋缓，从形态、色彩、线条到韵致都在时空变换中形成千姿

花岗石·新牛虎铜案

百态的格局，形成石体在空间状态上的持久的连接不断，从而使视觉艺术与感觉艺术相互合成而深化了审美意蕴。

我们观奇石也如同观中国山水画，不只从石面上看一个单一的深度，也应该从石画中看出时间如何让空间在运动与变化中形成的新发展，看到画面的纵深开掘。一块所谓的玫瑰石，也会从其枝芽蓓蕾中想象到花朵的绽放、色彩的诱人。而从肖像石中可生发开来的想象空间更大、时间过程更长，在这种立体的、多面的、变幻的画面上，我们的视线也会移向观察与思考的纵深处，让奇石瞬间引发的空间构成显示出大自然趋变所形成的气韵与神采。赏石正是在一种时空交替的、运动着的状态下来欣赏奇石，从艺术整体上看奇石呈现在时空变化中

的丰富的艺术感染力。前面提到的奇石《踽踽独行》中，两个人物的故事就发生在不同的时空里，故事的内容可以由观赏者来补充，它包含着时间过程中人生经历的丰富言说，可以以不同的想象去提炼它的内容。同样，《东郭先生》这块奇石也可以从画面的内涵中提炼出更多的时空穿插出的想象力。

奇石欣赏既有视觉的欣赏，又有触觉的欣赏，尤其在欣赏者与奇石接触时。"雕塑是感觉空间的能动体积的意象""一个雕塑是一个三维空间的中心"（苏珊·朗格）。奇石也有与雕塑相同的地方，它用石体的体量表现了一个空间秩序、一个空间图景，形成了从"能动体积"上的观赏凝聚力。如明朝李日华评画所说："其外刚，其中空，可以立，可以风，吾与尔从容。"

欣赏奇石，也可以感触到这样的空间艺术效果，而认知这个空间凝聚力十分重要。《新牛虎铜案》显示的不仅是与古老的《牛虎铜案》的一次对比，也是在对照想象中形成的一个时空转换。短暂的静态中会包含有激烈撕咬的拼杀局面，不禁让人浮想联翩。

因此，奇石图像在整体构成上呈现出多向多面、收缩紧凑的时空变化，在空间的广阔中，可以看到奇石的形体和图像上的不同景象，在一种天然构成的起伏分解中、在密布与疏散的大小凹凸面上，看到色的感应起伏，光的流动变化，让视点集中在一个主要点上，凝结出自然程序安排的美丽自如。它是有形的真实，是有机的生命构成的艺术形成，随石材物质结构的安排有不同的艺术表现，并在不同奇石中强化了它的形式及生命力，使我们从中找寻到一个凝聚点，让强烈的张力感和透视感有了明显的美学认定，从而在时空关系上有更多的从能动的体量上去把握其形象与韵味的审美境致。

奇石审美如何让传统审美与新的审美观结合而相互渗透呢？奇石变化首先是从生命空间的无限延伸上获取，形成奇石生命的艰难熔炼过程，我们观奇石，便是在以实求虚、以形求神、以静求变中来完成的，从老庄哲学的以"虚无为本"来看待天地与我共生，而万物与我合一的。赏石的思想境界

黄蜡石·拓荒牛

便从空间意识的无限延伸中有了新的
美学境界，有了不同的境象生成，这
便是在石之灵性、石之奇幻的境象生
成上去欣赏奇石，从每块奇石在时空
交替的暗示中得到艺术的陶醉，是奇
石欣赏的一次再创造过程。看《城上
高楼接大荒》这块奇石，有深度的量
感与壮阔的质感，直耸云霄的高楼城
郭气象万千，背景旷远而深邃。"城
上高楼接大荒，海天愁思正茫茫"
（唐·柳宗元）的苍茫高远中，荒僻
遥远的异域，勾起无限的愁思恨缕在
天尽处让人回味。石面结构上的整体
感给我们呈现了多少历史的空间感与
岁月经历的时间感。这又是从历史远
韵中让我们获得的另一种体验。

花岗石·城上高楼接大荒

红沙石·鼓上蚤时迁

十 奇石审美中的解构性分析

奇石中有些浮雕式的作品是最具观赏性的作品，它的产量较多，浮雕固有的完整性显示得十分明显。如肖像石便在每件脸谱上以不同石质的属性作自然塑造、自如发挥，似乎千万个大自然艺术家都参与其中，同时挥锤，同时按材料属性，生产出不同欣赏需求的作品，或是写实，或是抽象，或是用写意的创意，显示出它们的多彩多姿。在这些厚重实在的个体中，在静态的表情下面，藏匿着意想不到的表达方式与个性特征。它们的个性情节大多是内敛的，但又具有十分丰富的精神表达显示出来。不管是丑与美，不管是简单与复杂，不管是深与浅的艺术变化，让内在的力度吹拂出一种强劲的精神强度，仅从头部便可判断出生成磨砺中的坚韧气概与顽强抗争精神。让这些奇石的动与静、内在与外在、集中与分解、凸显与削弱的构成方式充满辩证的、矛盾的统一体，形成各种各样的言说方式。奇石石语的解构，可以看作艺术表达的重新整合与重新塑造，可以从外化特征

中重新考察塑造的强劲威力与奇异变化的能力，让坚硬的石头也有如此灵运与开放、百变与巧思，有了各个不同的丰富的形象言说能力与思想传递方式。这种解构过程，不仅仅是让奇石成为一种古拙沧桑的习惯认识，而是对人的思想与艺术超越有一种欲求感与启示性，让人们的灵感作一次深层的生命体验，从人生的精神突破上再作一次审美超越，再作一次深度的文化艺术的拓展。它自然会对人生、

黄蜡石·活的滋味

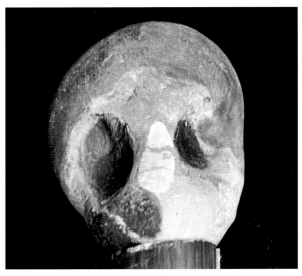

沙石·卓别林

对艺术韵味、对精神追求提出新的欣赏要求。

奇石呈现的天地奇观是自然开放的，是天然绘制与塑造的产物，具有的可能性与或然性可以让人具有随意而观、随性而定的解构分析特征。因为奇石形象中有具象与抽象之别，朦胧与清晰之分，在一些人眼中似乎是一目了然的画面，也可能并非是那么简单的写实与明朗，它会有复杂与多样的内容贯注其中。往往欣赏一块奇石可以从不同人的人生阅历、不同的艺术眼光、不同的美学感悟中产生出不同的解读方式，并将其他艺术的体验精神贯注于其中而形成不同的理解。

《卓别林》与《鼓上蚤时迁》这两幅简略而明晰的造像，锁定在其中的个性风格呼之欲出、别开生面，幽默与机巧中，有种气场充溢于画面的空间安排，让卓别林与时迁的人生经历融注在这两幅简单块面里，形成更有戏剧感与形象直悟的人生观照。简略而别致、紧凑而自然，块面搭配的合理合度都充满了玄机理趣，"人生戏剧"与"戏剧人生"贯注其中的卓别林与时迁，不正是这奇石上的缩影吗？卓别林的头像在抽象艺术的几何板块构成中，有西方现代结构主义味道，图形转换有一种体积压缩般的实感，明朗的五官安排有了夸张的、有序的变化，这是从抽象几何的图形上构建的艺术解构。同样，时迁的圆形肢体构成也因各自独立而有模有样，它由斑块状的圆形切面拼装而成，有单刀直入的明快与简练，可以与现代主义的构图思维联系起来分析。

黑花岗石·网络人生

对大自然杰作的奇石欣赏过程，是一个重新发现与重新认识的艺术审美过程，解构的作用便在于此。有些肖像石的欣赏难度很高，它不像一些写景的画面石可以有明显而通常的表达。由于自然天成，所以很多奇石语言是丰富的、多层面的、多棱角的，有时在美妙中有迷乱、清晰中有模糊、拘谨中有狂放，变化为多元多义的结构安排，在一种现代性的、错觉性的表达方式上会让人沉迷。《网络人生》独特处在于其肖像似网络组成，这些网络纵横交割，在空间立面与时间网线中织就了这个人的生活场景，映现了他的生活主体内容，形成在一种过度疲劳中的空乏与痛苦、无助与困惑。这种现代生活情节一直漫延到他的鼻尖与嘴巴上。如何解构与破译这一感官上的神奇密码？其抽象符号会不会有一种超越现实的社会象征意义呢？别看它是个单体结构布局，其整体形象中包含着一种对复杂的人生状态的认同与表达。面对现代科技的发展，人的生活环境的退化，生活压力的激增，它给予人的沉重负担使人的力量更显弱小，痛苦更为多样，这块肖像石便被赋予了这样的含义。

《囧》是一块黄蜡石，黑色浸蚀的纹路使它既有肖像面又具文字石中象形字的特征，达到了从仪态到文字二者俱美的程度。《囧》在石面中眼眉飘荡，口唇大张，好在鼻子隐去后，使字面主体的位置恰到好处，形成对称均衡中富于自然贯通的表现力，图

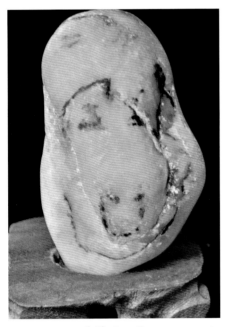

黄蜡石·囡

形因素与文字因素结合得层意完整，形式与内容相映生辉，一种新的、鲜活的形象在具象与抽象的感受中形成了。这是石语中产生的一种解构现象，形成了欣赏中的扩张与新奇的韵味。思维的多义性把内在意蕴重新做了诠释，变形中的抽象扩大了具象的内涵，有了一种审美的超越。如前面的《认祖访猿》《对头》都可以作不同的分析与重构。解构分析中的典型，莫过于有人借英国雕塑家摩尔的雕塑风格给一种水冲奇石命名为"摩尔石"。摩尔石具有抽象的立面几何形式，有大体量、大力度构成特性，简单的轮廓是由简单的形体在大幅跨越中透出粗实的力度与强度来表现在空间中的

力量与生存之道。摩尔石与摩尔的雕塑相近，在似人非人、似石非石中可以有多变的观察点融入其中，在相互呼应、相互同构中得其同名。摩尔雕塑中有大量的空洞运用，这是得到了石头中的自然空洞的启发而产生的艺术灵感。他说"洞的奥妙就像山腹、峰顶的洞穴所产生的神秘的魅力一样"。这便从空洞到形体之间有了空间的生命力与扩张感。这种艺术精神创新的审美用意使奇石解构的范围在一种新的思想跨越中放大了，一种别开生面的、多义性的美学认知体现在奇石欣赏之中。

奇石欣赏中的"解构"一词有多种含义，如图形转化中的三维空间转化，在一块奇石中有几块色彩不同的画面安排，简略的三维空间画面图像中的纯净形体，可以解读为一种精神性的抽象符号，也可以看作是某种自

沙石·解构图谱

红沙石·龙娃复仇记

然形态的社会观照。形体的内容从多方面有变化着的理解，使艺术分析上的解构分析多了一种认知。如有些奇石在一种自然的组合性中，将其中主要元素展示出一时难解的表意内容，形成某种物象创造出的一种神秘的生命世界。

格式塔心理学是让形状与形式"整合使之完形"的理论，提出了整体大于局部相加的关系理论，局部便可以分离出来，让部分元素在整体的作用中显示并为整体服务，个别元素还可以独立存在。我们可以称它是"异质同形"或"同形异质"，是一种心理情景上产生观察点移位形成变化的现象。这种变化在对奇石的观察中也产生了多样性特征，它先由图示形成欣赏者的艺术顿悟，再由顿悟体察出新的形象的出现。多个新形象在一个整体中的天然表现，使奇石欣赏有了多层又多意的意味。局部的美超出了整体的美，多个局部形象合成整体的美，但部分的美的形象更奇特、更可爱。这不仅仅是心理上的，而且是奇石形态构成上的。"异质"指的是奇石上的多种画面形象的出现，"同形"可以理解为在一块奇石上画面的整体生成。这种分析仍与格式塔的分析相近。如《石》，"石"字的构成中一竖是一个人形，中间的圆还可以看作是一团丝，可以用《诗经·氓》的"氓之蚩蚩，抱布贸丝。匪来贸丝，来即我谋"来理解。而从整体上看，"石"字的构成是十分明显的，是一个大的形象，形成图中有图、形中有形的艺术效果。这种例子不胜枚举。

不少奇石是用多重附加的组合语言形成视觉在石面上的疏密与大小的研究、平面与立体的探求，希望找到一个可以答复但又只能找到各自不同的认知方案的答复。推演的空间虽然很大，却又让图像意义呈现混乱无定状态。你的思维忽闪忽灭，捉摸不定，欣赏的谜面却深藏在奇石中而使你忘情。奇石欣赏的异趣还在于它的形体结构既稳定又开放，结构的全局美感与局部细节的多变结合在一起，在矛盾与统一中能生出无限的联想。《天书》中有实体（龙头、牛），有象形字（马、羊）等，这种于石面语汇的设想，都是一种形象解构的重新认知。它是可变动的，可放大的，还可充实而扩展的。后面提到的《归来》，滞重浓厚的背景、刻意夸张的人物形象，形成了特有的视觉语言与图示处理手法，如刀琢般的人物造型，让你在一种新的认知方式上带动了你的欣赏过程的重组与认知能力的变化，获得一种艺术欣赏方式上的提高。

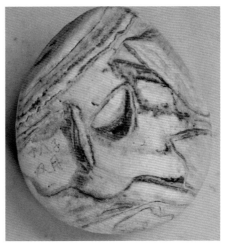

黄蜡石·哀

我们对一些抽象性的奇石理解还是不够，有不少奇石我们可以远取其势、近取其形，还可以合取其神来充实抽象物体中表达的情态与神韵，不用先入为主，在无主题的观念中详查其美，再扩展构图中看表现的意义与内涵，不管是板块构成、几何线状表达还是明暗空间分辨的与点、线、面的抽离与分解，都可以从一个动态的空间关系上去寻求主体倾向上与平衡架构中的内在情状。在扩展的想象中都可以取其上、求其意、化其境，欣赏的解构场面自然会更加触动我们的艺术感觉，锤炼我们审美的多样感受。奇石欣赏从古至今一直是将生活美与文学艺术美相附和、相统一

花岗石·天书

花岗石·回眸

的，因为任何一种艺术观念都是在一定的历史条件下形成的，通过一种历史环境与艺术方式找到互为依存、互相嫁接的多重审美感受，如中国书法的形式美与书写内容美是联系起来表现的，形成了一种双重审美感受。文学作品中不可直接看到的美一旦转入书写的优美形式中，便形成了更为鲜明的、个性化独特的复合审美欣赏，对文学作品内涵的传播起到了积极作用。宋代文学家黄庭坚评苏东坡的书法时说，他的书法中有"学问文章之气"，说明苏东坡的书法中浸润着厚重的学识与学养。而奇石欣赏总与人们在生活中的艺术理解与艺术感受相联系，并将每块奇石的表现形态与所呈示的艺术内涵结合起来，产生新的审美感受。人们往往从对奇石的命名开始，或赋以优美文字，或添加诗词歌咏，或与绘画、雕塑等艺术比附参照，这就使欣赏进入到一种复合性的、充满诗情画意的、具有某种独特的生活内涵与民族特色的审美表达中，它使欣赏奇石的艺术特质提高了，境界开阔了，让审美情趣在生活与艺术的陶冶中重获新的美学表达。

肖像石诗语

卷纹玛瑙石·虎

一 与己无关的走兽——十二生肖系列

时光之刻刀

我们如此相识　　不只是为了收藏　　颤抖着手握住一个
记忆爬过多少门槛　读懂你的是　　　坚硬生命的体温
在痴迷中筑成梦想　一座山的故事　　要回答一生的提问
捡起你时　　　　　一条江的磨难　　闯荡异乡的
时光狠狠地在我心上　一个家族的辉煌　痛苦之心盘绕情肠
刻了一刀　　　　　远离的儿女
　　　　　　　　　　四处闯荡

 龙

谁说得清楚你的模样
不同国度有不同形象
你会飞吗——腾云驾雾的云中走兽
你畅游大海——潜渊腾海的水中蛟龙
你会奔跑——四足有凌厉的舞爪
吃肉或是吃草——牙的锋利威震群兽

虚幻的构想
让人更加崇拜
可有无比的能耐
居高天之位
万年崇拜的契约
供奉在木柱与墙壁上永生

世界在虚构中生活
让它四处招摇
谁也不愿掩上这道门
门槛太高太高
要越过它
只有头朝下
脚朝上

风砺石·龙（1） 12cm×5cm

灰沙石·龙（2）

灰沙石·龙（3） 16cm×14cm

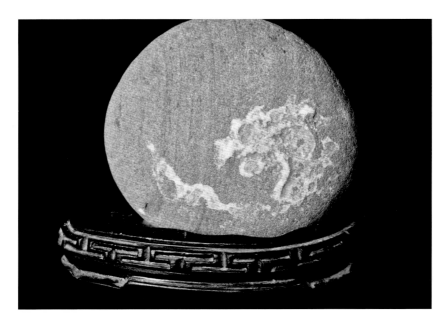

花岗石·龙（4） 10cm×11cm

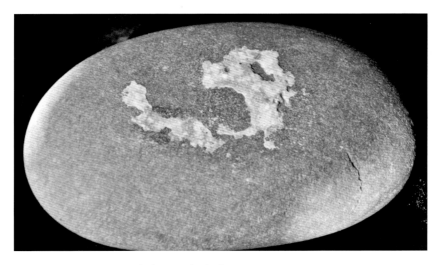

灰沙石·龙（5） 10cm×11cm

红沙石·龙（6） 8cm×8cm

花岗石·龙（7） 6cm×6cm

吟唱的歌谣

每块石头都是无字的歌谣
每块石头都融有浓浓的春光
每块石头都有山花开放的清香
每块石头都散射着温馨的微笑

看这些生机勃勃的奇石
给人以无穷无尽的思考
发现你的时候
心花怒放
喜悦罩不住
石堆们落难逃亡

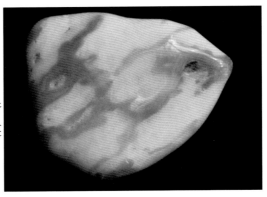

玛瑙·龙（8）

花岗石·龙（9）　　12cm×14cm

无须期待一声唤，潜龙腾身舞惊雷

蛇

生下来
托付给你
一生
便活在这令人惧怕的
动物世界里
被它紧紧缠绕

"成龙上天，成蛇钻草"
入草的命
被人捉来戏耍
追得在草丛中躲藏

唯有一点
有毒与无毒
可以与人世的
好人与坏人
比较相仿

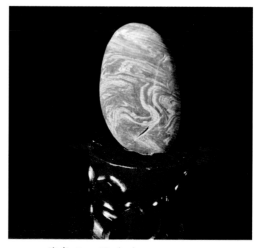

花岗石·蛇（1）　　14cm×7cm

大理石·蛇（2）　　16cm×10cm

"蛇"字

花岗石·蛇窟·续山海经　14cm ×16cm

　　窟中左为一盏神灯，上为神窟内的圆形图标。左边沿盘边有一条小蛇，形成一幅有意味的阿拉伯神话景象。

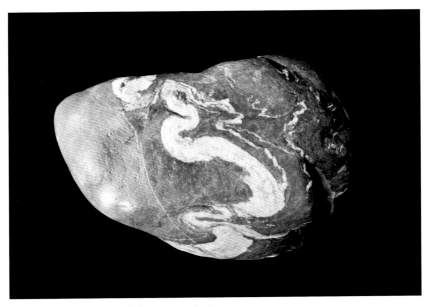

花岗石·蛇（3）　24cm ×16cm

月夜放歌

放牧月亮
放牧时光
天在地的边界
地在天的中央

风把力气塞给了草
草的妖娆
让给牙来噬咬

这几匹马
前世今生
便在此处徜徉
牧人只会孤独地打发
陈旧的时光
把最远的心境
收拢成一片荒凉

云团不厌其烦的慷慨
赠送出花样百出的欲望
含根草在嘴里
会闻到女儿的体香
独一颗心
仍把这片荒漠慢慢品尝

灰沙石·月夜放歌　11cm×17cm

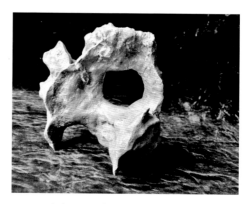

花岗石·啸鸣　27cm×18cm

花岗石·骒　14cm×8cm

大理石·小马奔奔　8cm×10cm

出土文物·马踏飞燕

　　汉砖画像石上不只一处才有飞奔的马前后四蹄好像平伸在一水平线上，比沿用西方美学家的发明早三千年。

王朝闻《雕塑美学》

羊的情歌

一首情歌
把多少男女的心唱痒
"对面山上的姑娘
你为谁放着群羊
泪水湿透了你的衣裳
你为什么这样悲伤"

羊比姑娘更悲伤
因为它要失去姑娘
姑娘该远嫁了
男人家也有羊放

天还是那个天
草场还是那草场
但蒙古包前
旧的血迹被鲜血所盖
染红了草
映红了姑娘的脸
和蒙古包

弯弯曲曲的水
翻动着民谣
姑娘已是母亲
她得拢自己怀里的
第二只小羊

啊！牧羊的姑娘

花岗石·偷吃萝卜的羊　24cm×12cm

黑沙石·羊　15cm×15cm

结核石 · 羊羔

花岗石 · 我的草场　10cm×10cm

灰沙石 · 羊与牧羊犬的对唱　7cm×12cm

沙石 · 岩羊　10cm×10cm

猴

在这一片树林
居住着你的同类
喋喋不休的争论
不会使你们筋疲力尽

当人们逗着你们玩耍
哪里还会有祖先的身影
照亮远古山石的背景

那喊声和笑声
把多变的日子
连同落日都当做诵读的经文

花岗石 · 弼马温　8cm×7cm

水渍石 · 俩猴（易脱落）　12cm×5cm

玛瑙·人猿相揖别　12cm×5cm

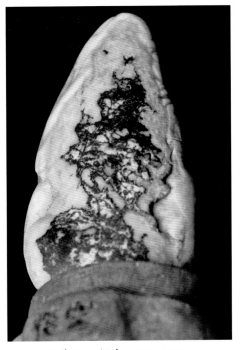

石英石·悟空　12cm×7cm

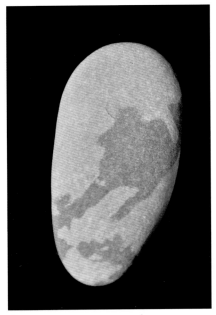

黄沙石·猴　10cm×6cm

忘形

我一声啼叫
太阳这小伙
激动得一蹦老高

鸟雀跟着叽喳
炊烟的旗子
鼓劲地摇
牛马响出一夜
闭嘴的铃铛
热热闹闹

母鸡只会打鸣
生个蛋蛋就夸耀
骚情未消
没有我
谁来传宗接代

让她抱死在窝巢
谁看得上？

灰沙石 · 忘形　6cm×6cm

玛瑙 · 雄鸡

花岗石·有翅难逃

黄沙石· 道不同

灰沙石· 鸡　7cm×6cm

灰沙石· 抱窝

天狗

后羿射日
人世可有阳光
天狗疯狂
月亮被噬咬
追逐的跳荡
痴迷上一种欲望

绞痛了云块
夜色恐惧得踉跄
天空构筑的阵地
有使不完的力量
适合舞刀弄枪

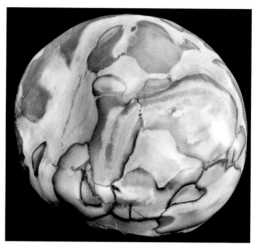

玛瑙·巴布小花　14cm×14cm

不停地追逐
不停地较量
时光老人的脚印
定格成预约的欠账

天狗吃月的
梦和故事
太长太长

花岗石·天狗一组　左 15cm×11cm　右 11cm×8cm

花岗石 · 天狗二组　14cm×9cm

结核石 · 小狮狗　12cm×9cm

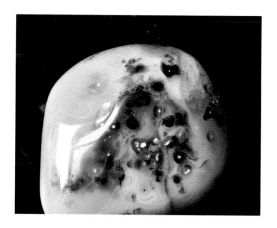

玛瑙 · 小狗洛果

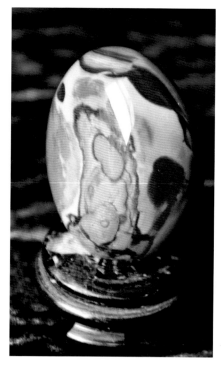

玛瑙 · 小狗响响

玛瑙 · 晚景

黑砂石·夜的世界　18cm×18cm

夜的世界

深夜，有寂静陪同
早已酣睡的人们
关闭了心
路灯下
一条散养的狗
来回踱着神气的步

填满内心的是
它有巡视的习惯
它用自己的权限
控制自己的地盘
照着独自变大的影子
狂吠几声

显示在这个世界的存在

又对着几个角落
旁若无人地
放逐自己
撑腿拉尿
把新领地
标识得让人看见

然后，抬高身影
面对空旷的夜
拉长声
习惯性地狂吠一番

猪

实在没有什么可以写了
懒、馋、贪、占、变肥
一颗判决的红色官印
按在肥硕的腚部

在家畜中
地位最低下
而人
最离不开的是你呀！
你的明天在哪里？
你有明天吗？

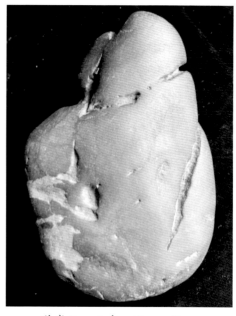

花岗石·八戒　18cm×13cm
（此石神来之笔，既是大写意，又有装饰性）

大理石·八戒偷吃人参果

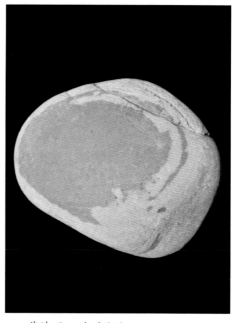

黄沙石·小猪肥肥　11cm×13cm

红沙石·八戒下山　16cm×9cm　　　　花岗卷纹石·八戒　16cm×13cm

花岗石·小猪可可　29cm×24cm

鼠

蝙蝠会飞是因为它有翅膀
我不能飞,只好钻洞躲藏
蝙蝠与我同宗同族
却走着不同的道

运气,将它与"福"字送到
拜谒的高处供奉
哈,真是"蝠"禄寿喜
人,总把脑汁挤在偏门别道上

灰沙石·硕鼠　14cm×12cm

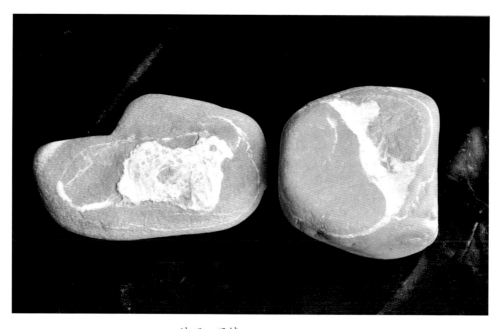

沙石·风情　16cm×16cm

君生我未生,我生君已老。相期难相见,怨君命不好。

花岗石·鼠外婆　14cm×10cm

黄沙石·袋鼠

拓荒牛

一个定格
把千古的气节
留在深圳
向世界开放的平台上
大胆接纳车水马龙的
繁忙

留足时间
品味其道
悠悠百世
以此为表
这个契机名叫
改革、开放

新的世外桃源
会把落伍的土地横扫
只为单纯的一个名字
抱恨人生几多跌宕风浪

颠碎陈腐的思想吧
俯首提力
拓荒牛
辟一条新的路
铺向远方

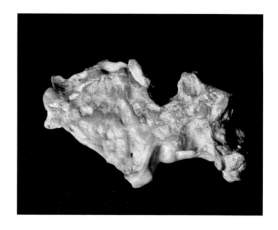

黄蜡石·拓荒牛（A 面）　　22cm×14cm

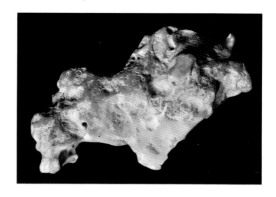

黄蜡石·拓荒牛（B 面）　　22cm×14cm

沙石·护犊　11cm×9cm

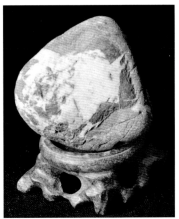

花岗石·洛川牛

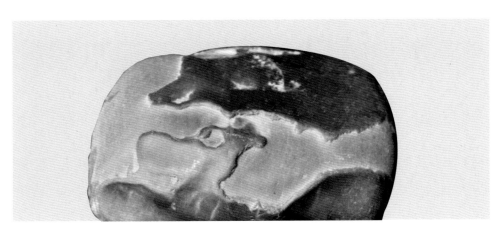

花岗石·牛羊下括　10cm×8cm

虎

山踩在脚下
呼啸着一片林莽
期待阳光和
辽阔的山林
传递出的思考

灰沙石·奔放　11cm×13cm

没有愤怒
便没有力量
没有艰难
便萎缩了脑浆

显赫的高位
成全了又一个王朝
对我的敬畏
竟落在你的屁股上

大地上的强弱法则
使我还想再生翅膀
头顶为王
虚挂在空洞的中堂里
威武的阴影
长留在那
被人顶礼膜拜的征程上

为什么不从我的平和里
解读我的善良
虎毒不食子啊
人能否做到？

剥一张皮
垫上座椅

风砺石·虎伺风云　11cm×7cm

花岗石 · 新牛虎铜案   9cm×12cm

灵璧石 · 虎   12cm×13cm

花岗石·母女　14cm×11cm

沙石·虎仔　12cm×13cm

对 话

　　母虎：小仔，你已三岁了，还不独自去拼搏，老在我身边，没出息啊。

　　小虎：谁让我天生地造地像你，永远走不出你的影子里。

　　母虎：你像我是遗传基因所致，像我，就应该去寻找自己的生活，抢占属于你的那片天地。不要做啃老族。

　　小虎：那老依偎在你身边的妹妹呢？

　　母虎：它也要选择独自打拼这条路。

兔的传说

狡兔有三窟
猎手被你捉弄过多少回
称你为缺嘴"喝喝"
是否吃拿得太多

各种贪婪的眼盯住你
习惯了胆小哆嗦
尾巴太短也是
被揪的次数多了
后遗症的基因难破

你还有红眼病
这是与生俱来的本色
前边所有的病症
可能由此而生

花岗石·兔（1）　12cm×14cm

黑花岗石·兔（2）　12cm×14cm

龟化石

风又吹来了
三亿年前的风
颜色没有变
力量减弱了

龟被土地爷供奉地面
时间留下的跌打损伤
把真相化为石
留下无限猜想
紧紧收藏

身上有血流淌
心里有灵魂歌唱
生命有多顽强
临到生命终结
可寻到一点点忧伤

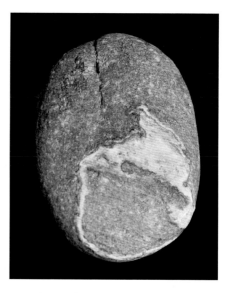

黑沙石·乌鸦喝水　11cm×10cm

乌鸦喝水

它自命不凡
有办法
喝完细颈瓶里的水
气死所有白羽毛
彩色羽毛
招人喜爱的鸟们

真也聪明
八哥、鹦鹉会学舌
靠关入笼子
成就了金身
让人们打趣调笑
一日三餐满盆

乌鸦不会自断尘缘
黄昏时集合
它给人们一个
美与丑的鉴别
黑与白的投影

有头龟化石　14cm×17cm
（此石为珍品，至今赏石界还很少收藏到有头龟化石）

花岗石·鹤的家乡（1）　15cm×11cm　　花岗石·鹤的家乡（1）　　14cm×12cm

鹤 之 愿

你多想飞翔　　　　在你骨肉里拔尖　　　比痛苦更痛苦的是
天空湛蓝　　　　　小嘴张着　　　　　你不能飞翔
远处是另一个故乡　呼唤亲娘　　　　　比痛苦更伤痛的是
那柔软的巢中　　　无法飞翔　　　　　射击的人
几枚蛋　　　　　　是散弹罪恶的黑帮　不知人世还有一种
寄托　　　　　　　留下无法治愈的创伤　叫悲伤

灰沙石·荒原·苍狼
10cm×7cm

花岗石·鹰　16cm×9cm

鹰

一声长啸
天空在一个破洞里
吸纳了声音
腾飞的气势
不会守望
落日下沉的苍茫
飞的时候
大地加快追赶的脚步
拒绝云层里
绵软的帐铺安歇
心仪大地
山河树林
停下步履

拥抱一下
高耸岩石
同在苍穹下伫立
高飞千里的宽阔
要从这里得力
唤回长啸的勇气

活在高天之上
才知大地宽广
飞行万里
可以找回
大地的分量

灰沙石·憩　12cm×11cm

花岗石·凤兮来兮

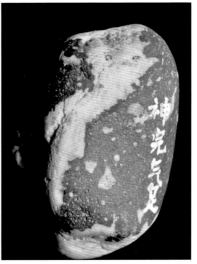

红花岗石·骆驼　11cm×12cm　　　　黑沙石·猫　12cm×9cm

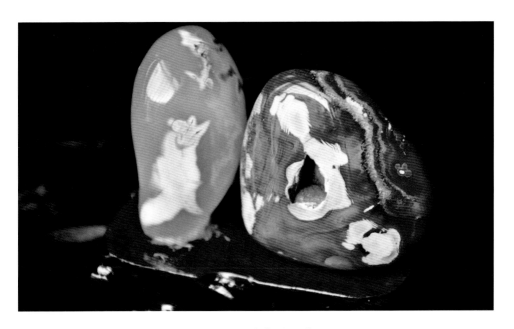

玛瑙石·狐狸与狐仙的洞

花岗石·猫脸　10cm×10cm

花岗石·出壳

碎屑岩纹石·龟　16cm×12cm

沙石·青青原上草　13cm×8cm　　　黄花岗石·忧伤的公鹿　13cm×8cm

为问青青河畔草，
几回经雨复经霜。（唐·张仲素）

玛瑙·小猴　18cm×18cm

风砺石·我家养了两匹马　11cm×7cm

草原在远方，不能只靠心去索要。腾身而起，跑出一条心仪的大道。

火与水熔炼金身
坚硬的骨骼要重塑生命
晨光照到额头的胎记
内心留下多少快乐的伤痕

只有与江水同浴
才有活跃的天性
只有在巨石中打磨
才听到今世的心音

说是灵魂浴火重生
寄意一身的是日光月影
出世时应了石破天惊
人间静听我独自沉吟

黄蜡石·回望　13cm×12cm

沙石·哺（A面）　8cm×8cm

哺

　　亦真亦幻，在嗷嗷待哺的场景下，将此石梦幻般地定格在一种现代派的抽象与写实的具象相互依存的景象中，它既有古典主义原始图像呈示的美感，又有现代派在多变与相交相合时的一种怪异与奇趣。景象中"哺"是突出的主体，从自然界的动物到人类都有的与生俱来的行为，使这块奇石就在这种奇异与变换中，达成了世界上共有的情感的宣泄与启示。

　　汉代古诗《考城谚》中曰："父母何在在我庭，化我鸱枭哺所生"已有所示。

沙石·哺（B面）　8cm×8cm

蜻蜓之标本

薄如蜓翼
细若蜓须
脆似蜓腿
却留一个天地奇迹

山风闪动了它的腰肢
小雨擦亮了它的薄翼
意外地飞进石里安家
想必，没有半刻犹豫

沙石·蜻蜓之标本　10cm×7cm

二 万古文字石上雕——文字石系列

万古不息

玛瑙·谁　7cm×8cm

留在历史的日记里
总难对上哪一页
发散万古沉醉的气息

埋藏在山呼海啸的
记忆里
星移斗转

思念的焦虑是
扑面来的
缘分的亲密

岁月磨打天地时的
修行
融合成
动人诗句

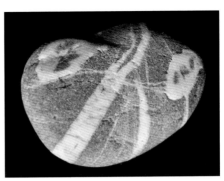

灰沙石·怒火中烧　9cm×11cm

你点燃两眼中的怒火
便让心中的仇恨熊熊燃烧

灰沙石·火（2）　　7cm×9cm

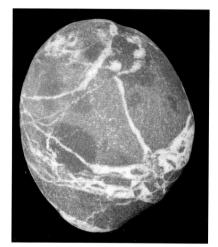

红沙石·火（1）

谁烧通天一把火，
千古洪荒一片明。
万物铸炼补天石，
只留天地一字真。

玛瑙·火（3）

灰沙石·山（1）

灰沙石·山（2）

生 成

要打量这爱的距离
不要斜视成眼睑的距离
散乱的时光
让预先的期待
成难料的结局

大地已在呼啸中沉没
海水发出连天的叹息
混沌的天空
撕扯下多少黑色的碎旗

让暴雨雷电敲响马蹄
大地想创造种种奇迹
收藏它的欢笑与哭泣

火热的心房中
石头的城池
推向火山口
争相让火与熔浆
判决着一个个终极

声声长吁短叹
留给你献世后的奇迹
仿佛在读
天地中无穷无尽的记忆

灰沙石・山（3） 8cm×10cm

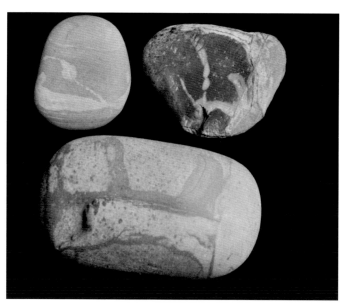

灰沙石・三架山

沙石·石（1）

不看自见
不言自显
斯为陋"石"
自有各言

灰沙石·石（2）

正看是石
侧看是"10"
是"石"不是"10"
是"10"也是"石"
它们都读"shí"

灰沙石·石（3）　14cm×12cm

灰沙石·石（4）

灰沙石・石（5）　　　　　　　　沙石・石（6）

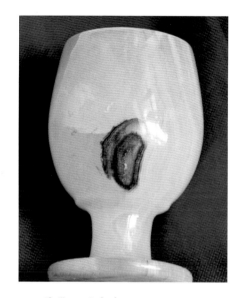

玛瑙・石（7）　　14cm×10cm　　　玛瑙・石（8）　　14cm×10cm

沙石·万（繁体字） 11cm×8cm

沙石·万 7cm×9cm

灰沙石·鸟（象形字） 22cm×17cm

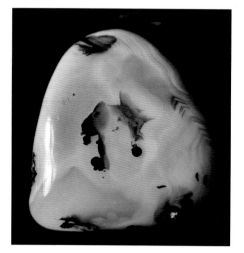

玛瑙·竹

灰沙石·云（繁体字）　12cm×11cm

红沙石·福（1）　12cm×9cm

花岗石·福（2）　11cm×7cm

花岗石·寿　26cm×20cm

花岗石·人入　11cm×11cm

一石两字，非人所为。

花岗石·示学　8cm×10cm

示 学

娇儿见我伏案书，
握笔也把乱鸦涂。
东挪横来西借竖，
得意问我像不像？

沙石· 王小丰

黄沙石· 李 11cm×9cm

沙石· 小二

沙石·仁　6cm×5cm

花岗石·新心　11cm×11cm

"仁"字

总有一个个文字
赋予它神圣的含义
供奉在难测的云天

那金幡扎就的它
蒸发了多少帝王将相的迷恋
爱借它的形状
给它披红挂彩
用老仓颉难解的命题
来旋转世界

太阳已经苍老黄黄
它却在人世把天灯点得更亮
附会在多少人的
千古玩笑中
给人们不尽的痴想

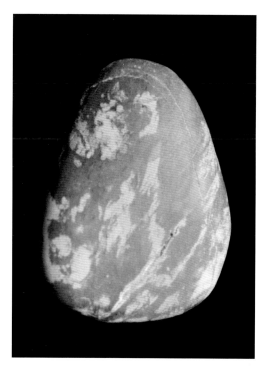

沙石·红杉　10cm×8cm

"占"、草书"满"、"以"、"旦"四石

大江呼吸

阳光总不出气
默默地听大江呼吸

安静是万物催生的日子
把属于自己的心情
压低在生活的希望里

当黎明换来鸟鸣
生活的分量加重了
喜悦填满宽阔的河床

忘记石滩的背影
你会莫名的惆怅
因为它挽留我
不会勉强
我寻找它
满怀希望

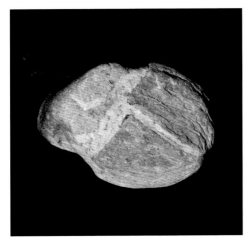

灰沙石·人

灰沙石·人（隶书）　　12cm×12cm

灰沙石·女　9cm×8cm

灰沙石·一人　8cm×7cm

花岗石·进　9cm×11cm

灰沙石·入

灰沙石·时　16cm×8cm

灰沙石·元旦　8cm×7cm

灰沙石·史　9cm×11cm

花岗石·猜想　14cm×9cm

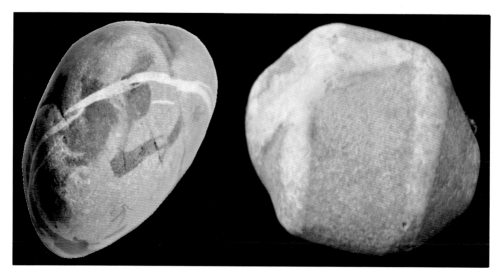

沙石·鲍力

灰沙石·八一　　　　　　　　　　沙石·91　12cm×8cm

灰沙石·比　7cm×8cm　　　　　　灰沙石·口

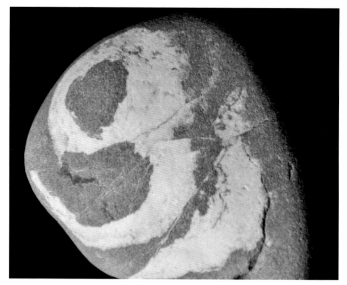

灰沙石 ·91　11cm×8cm

沙石·"右"、"无"（繁体字）、草书"自"、"品"四石

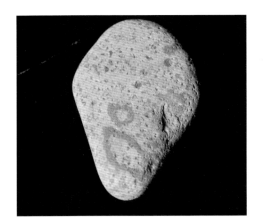

沙石·吕

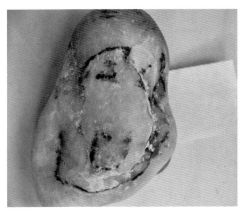

黄蜡石·囵（象形字）　16cm×13cm

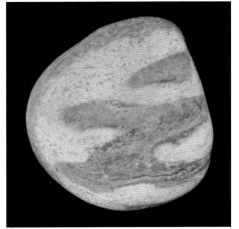

沙石·之

灰沙石·中　20cm×7cm

花岗石·义

石与生活

爱石头的人爱生活
爱生活的人更爱色彩
爱色彩的人不会忧愁
不怕忧愁就会把生活担起

石头有鲜明的记忆
与石头交往
记忆不会衰老
在石头中歇过晌
有阳光在心头温暖荡漾

花岗石·草书"道"

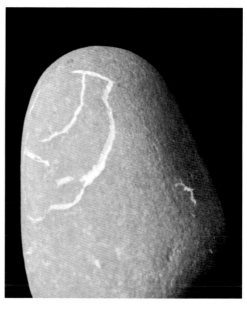

黄沙石·乃 16cm×12cm

花岗石·兰　12cm×8cm

蘸着月光
你可闻到那份明净的芳香

　　《卦》这两块石有天生的几何图形的设计安排。点、线、面、色块纯粹的对应变幻，交错浸染成不同的形态感觉，节奏鲜明而有情绪的动感起伏，图形在固定的坚实组合中刻画，形成有八卦般变化的呼应，在矛盾中有生命相依相别的统一。图案的古典气息与现代表现手法演绎出一种内在生成与表现主义的现代气象，有了充分的诱惑力与创造性。

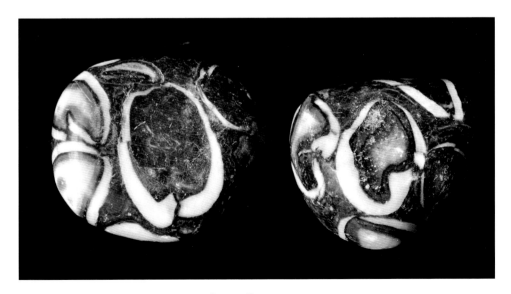

汉白玉·卦　6cm×7cm

花岗石·发

花岗石·书包　8cm×6cm

水渍石·立、豆

花岗石·止

花岗石·一丁

花岗石·公（1）

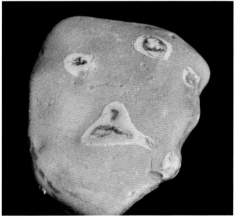

花岗石·公（2）　　14cm×10cm

莫为无人欺一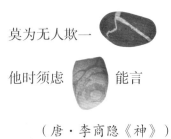

他时须虑　能言

（唐·李商隐《神》）

沙石·到家了　15cm×11cm

在奇石中，文字石是最难找到的，因为它的构成是由汉字的笔画结构安排的复杂性组成的。也许，这种形成的困难，只有奇石才能体会，而我们，静待欣赏……

红沙石·少　9cm×8cm

三 岁月沧桑留风韵——脸谱石系列

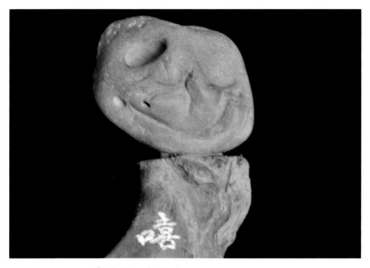

青沙石·嘻（1） 6cm×8cm

石的高度

不是人生都可以飞翔
不是石头都可以收藏
与美保持距离
就如同只求幸福
不顾悲伤

石有情感
自生出一种审视的眼光
读出石的表情在许说什么

时间的刻度
会有节奏般的心跳

追逐一片火热
漫长等待
亿万年的青丝
变银发闪烁
命运悲苦但不寂寞
成长的一个个家族

会有几个出类拔萃
生气勃勃

当登上美的一个高度
生活的牧歌
唱出内心的辽阔

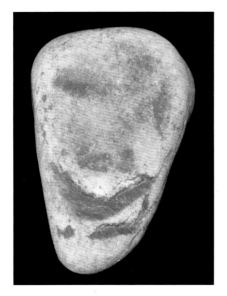

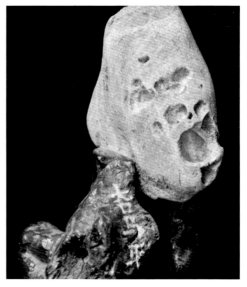

沙石·嘻（2）　12cm×10cm

石灰石·大口马牙（1）　11cm×9cm

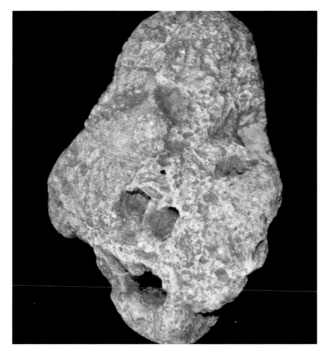

石灰石·大口马牙（2）　12cm×10cm

给孙儿孙女

灰沙石·兄　11cm×8cm

你是林中的一棵小树　迎接阳光
绿茵扶疏　这样才有一片天地
雨水充足　才能长成参天大树
但你要向上伸展
拼命挤出一个　要是缺少向上的勇气
属于你的空间　攀登的毅力
　　只能与伏地的灌木一起
把枝叶打开　窒息地喘气
迎接雨水　绞杀在厚厚的混沌迷茫里

黄沙石·妹　11cm×6cm

　　左图是一块颇有文化气韵与艺术内涵的奇石，人物形象是以头部轮廓与发辫的隐约呈现勾勒出来的，它使脸部有了透明而中和的视觉图像，让"象"生于"气"中，"气"在画意里有了可以叙述的图像。图像的构成是柔和的、恬淡的、梦幻的，可以直透人的精神空间。气与韵的结合，景与情的结合，无中显有的蕴涵，更符合中国传统哲学"心气论"与"心性论"的表达。"超以象外，得其寰中"是"气为本体"的作用，使意象与心气融合成一个独特的艺术画面。若借用著名画家田黎明的画做比较，则更有欣赏兴味了。

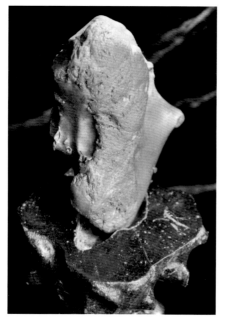 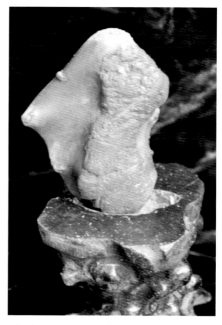

黄蜡石·阿巴贡（A面）　6cm×7cm　　黄蜡石·阿巴贡（B面）　6cm×7cm

黑沙石·小女　　　　　　　碎屑岩石·白领男　7cm×11cm

灰沙石 · 愁肠

黄沙石 · 眼高手不低　8cm×7cm

途路盈千里，山川亘百重。

风行常有地，云出本多峰。

　　　（唐·杨炯《途中》）

花岗石 · 风行有地　8cm×7cm

大风歌

　　这是一个粗粝狰狞、强势凌厉、由自然雕饰的头像，这头像中充满了不少艺术家不断追求的那种力量感与强悍狂野之气。在一种原始而放任的表达中，用粗狂与坚韧，雄强与厚重的手笔来夺人眼球，使艺术表现更有霸悍野性之气。外延充溢，内在的紧迫感强烈，让人久视而难忘。

石灰石 · 大风歌　20cm×14cm

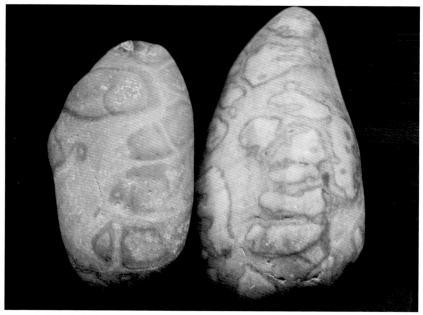

碎屑岩花岗石·天光　18cm×12cm　20cm×14cm

那份天光，
永远不会抹去。
此生注定在路上。
人生苦短，
儿女情长。
不知何时，
陪伴你的高山与深壑，
会给你不一般的生活模样。

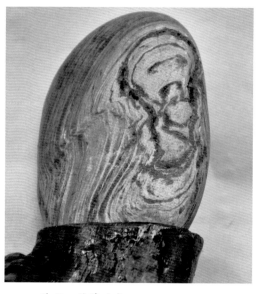

沙石·茬苒时光　6cm×7cm

黑花岗石 · 网络人生　20cm×9cm

花岗石 · 世相　11cm×10cm（A、B面）

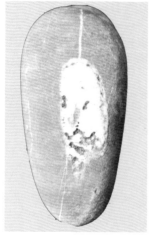 

灰沙石·贵族世家　16cm×8cm　　　灰沙石·古典　15cm×14cm

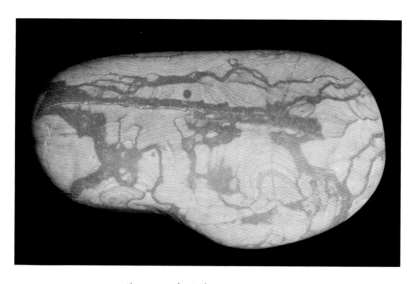

石英石·巴拿马草帽　18cm×11cm

绑夕阳

夕阳的脚步落在山脊时
便依依不舍
走过的道，松散的时光
一路跟随，有几分疲惫

挽住山头时，它仍在重复
已经重复的那份陶醉
明天，我会让朝暾
抹去你额上的皱纹

灰沙石·三老相约　11cm×8cm　　　黄蜡石·四季人心　12cm×10cm

黄蜡石·风华已逝（1）　11cm×7cm

黄蜡石·风华已逝（2）　13cm×10cm

沙石·静听松风又一年　10cm×7cm

红沙石·卸妆　11cm×7cm

黄蜡石·心宽自低吟　11cm×7cm

青沙石·高调人生　11cm×7cm

心宽自低吟

心宽自可暗低吟，暂借清风归远程。
不尽人间秋已老，仍念过时旧经文。

丑石铭

一个、二个、三个……
我叫出它们的名字
就是结识了一大群孩子

时间破了题
便是一堆禅意
一堆新奇
一堆生与灭的
无所谓来又无所谓往的
翩飞记忆

它的生存空间
比人生诡异离奇
或是与人生一样
充满难解的命题

从形体坚硬中打捞
美与丑的交界在哪里
只有越丑
才是越美的
这一伟大定义
颠覆了人世一个永恒的真谛
脱身一种审视的经历
换来的是更加珍贵的珍惜

灰沙石 · 咧嘴一笑事无忧　13cm×12cm

用笑可以清热祛火，
用笑可以揉出莫名的欢乐。

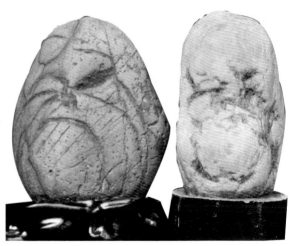

砂石 · 俩寿星　9cm×6cm

沙石·人生况味　17cm×15cm

秋风阙

能把秋风吹得干净
也能把忧伤吹出欢欣
落花与败叶的疼痛
不会让果实的坚守隐姓埋名
让秋风发份请柬
注明孕期中还要远行

沙石·等你的是我　12cm×12cm

等你的是我

锤炼了大半生
初恋的风情
仍蛰伏在心里翻滚
我明白桃花落尽
不说，你也知道我
心中的秘密

花岗石·何以解忧

新愁常随旧愁生

老病多闲愁，枕席夜生凉。
时已至盛暑，棉绒未褪装。
书读目似线，过眼求知忘。
人与时日老，何意可倾肠？

沙石·新愁常随旧愁生　17cm×15cm

沙石·我想抬头望望天　18cm×14cm

花岗石·孤独怨　17cm×15cm

风砺石·风啸吟（A面） 16cm×14cm

风砺石·风啸吟（B面） 16cm×14cm

风啸吟

大雨和着风一场鸣奏
老人的心也哼起歌谣
胡笳十八拍有几拍没有吹响
心音清晰伴群山联唱

清风撩动了心情
我抬头问天，天无语

风砺石·天无语（A面）　16cm×14cm

风砺石·天无语（B面）　16cm×14cm

花岗石·独往独来　10cm×9cm

花岗石·鸭嘴　10cm×9cm

《鸭嘴》的解构

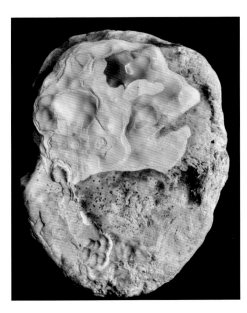

玛瑙·渴　18cm×14cm

　　这是一块从东西方艺术元素出发，从"解构"或"转移"的角度形成审美的一件艺术品，它从"笑"的图标中抽象出东方人的一种心态。笑在内心时的不加掩饰，形成开怀在人、自如在心的外在状态；也可以看到西方艺术中内在情绪的得意与放达，在鸭形嘴的开合中有深深的寓意掩藏，只有无形的眼是静态的，其他都可以从不可捉摸中获得多种多样情态的解读。

　　它既是夸张的现代派艺术的呈现，又是写实的内心陈述式的表达，也有漫画般的人生写意。表达艺术构成的方式是复合而有变化的、多元又多思的。

沙石·赊酒

大理石·相约人生无定处

灰沙石·晒心情

石灰石·岁月刻痕   26cm×16cm

关山月

日落时不歇在城堞上
却早让大山收走余光
幸存的风景千年依旧
羌笛还不愿过早启口

当山峦把怀揣的月亮送出
秦时的筘声、汉时的笛韵
和上唐的马蹄、宋的衣砧
把一川碎石照亮
马嘶与刁斗让明月一抖
翻身又跌进一个王朝

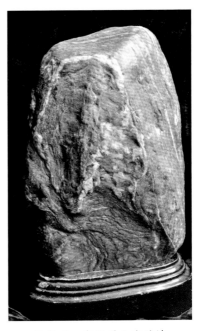

花岗石·岁月犁上存苦情
30cm×20cm

花岗石·大师素描（A面）　　15cm×14cm

大师素描

对他的怀念，躺在安静的日子里，
不时，他会对你提出几个高深的问题。

红花纹石·小丑

小丑

笑声里有疼痛的温暖，
但有欢乐相伴。
心因此仍在寻求自我救治，
把那份苦如何转化成那份甜。

花岗石·塬上的风（B面）

灰沙石·小镇青年　14cm×14cm

沙石·对头　5cm×14cm

　　这石也奇,左为黑头,右为白头,二头自然自在地交合。你中有我,我中有你,这种结体自然与格式塔的艺术心理学有联系,艺术的局部相加产生新的图示,这便增加了多样性与不确定感。但它是有意味的形式,它使图像整体扩大而丰富了。在天然组合中,巧妙与巧制更让人思维开张,让艺术情感充满新的体验。

隐藏的脸

花岗石 · 认祖访猿　12cm×10cm

　　从《对头》到《认祖访猿》《头中有头》，表现了奇石无所不在的奇变与怪变的艺术发生，这是奇石多义性与其他艺术不同的一个特征。《对头》中两头相对，你中有我，我中有你。《认祖访猿》中左眼以下是个蜷身猴子，与右图现代幽默画中自右眼下到鼻与胡须连起来，便是一个女人的全身像一样，充满了自然的奇趣与天然的幽默设计，让人在一种新奇的观赏中发出会心一笑。

沙石 · 头中有头 画中有画

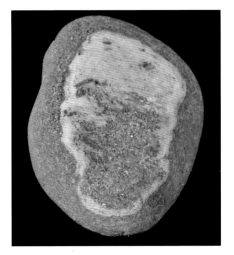

灰沙石· 胸有成竹

沙石· 中年人　8cm×11cm

中年人

走不动的日子
留给中年人
精力饱满应该在黑发上显示
而不是早早聪明谢顶
额上的皱纹
已在心底找到
栖息之处
至爱无声

黄蜡石·武夫

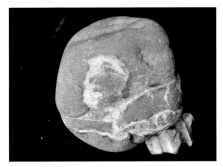

灰纱石·路在前方

落难坡

一路长风落难坡，
惟记君在江头落。
笑时自赋梅花韵，
苦酿雄心劲节多。
老儿高站临风处，
教子深戏江上波。
世事必让风云转，
就拍古人肩上歌。

大理石·雕风霜　13cm×8cm

花岗石·CEO·首席执行官
19cm×14cm

CEO·首席执行官

山岭陡峭奇崛
山风不留情面地
揭露时间往事的秘密
离乡村城镇太远了
忙碌的人总忙着憩息

我有头脑思考
以击溃所有对手的心
仍跳动着时差与步伐的距离

小平头的标志线
向天、向更高努力冲击

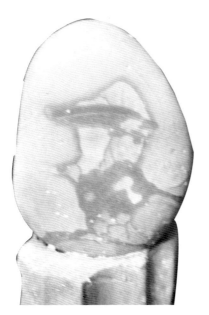

花岗石·炉前工

花岗石·撞钟人卡西莫多

花岗石·思考者

花岗石·殇（1）　6cm×9cm　　　　沙石·殇（2）　12cm×8cm

灰沙石·自持（1）　　　　　　　灰沙石·自持（2）
12cm×10cm　　　　　　　　　　10cm×8cm

高兴的事大多相似，
烦恼又各有不同。

花岗石·人生格言

花岗石·临风

世事一场梦，
人生几度秋。
寒风最堪狠，
不让旧梦回。

十年清净浑无事，
不解乡心可解愁。

沙石·小和尚

石灰石·大山的风　8cm×4cm

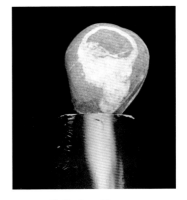

花岗石·静心

时光被搬运得只剩枯萎，人都在不经意间，
把俗常的痛苦磨成灰烬。但心仍在挣扎，
那风，吹走的是那份常年期盼的神情。

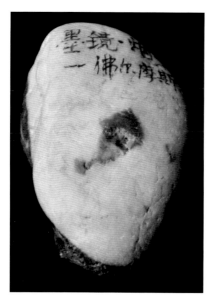

花岗石·墨镜·烟斗·福尔摩斯

沉

　　这些石头是一组从生命存在价值与生命意义上的思考，生命在时间流逝中有了不同形态的变化，给人以不同的认识和体验。生命，在这里既有不可预见又不能复返的一种凝固而让你沉思、让你感慨，这就具有了既熟悉又陌生，既有历史积淀又有万象生成的人生沧桑感与命运体验。

　　每块石像都是具象的，你从生活实景出发，对美的想象会焕发出丰富迷人的创造；额上深犁的皱纹，浓厚却又枯萎的眉毛，温和中苍老的面容，无边慈祥的嘴唇……他们什么也没有掩饰，什么也没有躲藏，向我们迎面扑来。他们活过来了，每张脸谱是活生生的一本个人自传体的显示。

黄蜡石·梨园风情犹存　13cm×10cm

花岗石·无欲　12cm×9cm

到 满

——电视连续剧《赵氏孤儿》
　中反派人物

风擦着屋檐
让低矮站在人面前
瞳孔中永藏着案底
无穷无尽的阴险

搜罗的心机
织就陷阱的网线
一只只苍蝇剥尽岁月
让饥饿时充填

凶险伴着毒箭
射向每句阻拦的语言
只有残忍
才让心脏不停起搏
褪成满脸色斑

让天下的谎言都成事实
让天下的恐惧都裹着蜜甜
一颗心围绕阴谋与凶残积攒
挖掘着自愿跌落的深渊

花岗石·到满　6cm×5cm

变 脸

变脸不算戏剧　　　　　罪孽曝光
变脸是高明的行为艺术　冰山一角
它脱胎社会学　　　　　艺术难赶上生活
　　　　　　　　　　　的复杂与丰富
幽默的川人
将它悄悄移植　　　　　变脸只将社会中的
抬高到鬼样的脸谱　　　千般脸谱
人世的变脸唯美化了　　集中批发给
在人脸上形成一种　　　会思维的额头的
聪明勒索　　　　　　　一个角落

灰沙石·变脸　　12cm×9cm

灰沙石·普普通通　　14cm×12cm

黄蜡石·云寂不动　　15cm×10cm

花岗石·三点一面　15cm×10cm

沙石·硬伤

有时三点两点迹
识得一脸开心花

沙石·变幻由人

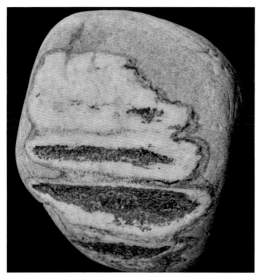

沙石·对焦 6cm×5cm

灰沙石·妙相庄严 14cm×11cm

老 了

老了，保健养身药养命
没有优雅而闲适的处方
供你慢慢去老
离句号先添几个省略号

独处 沙发是床
起来 看人是景
我看你 你看我
景观烦乱 心却单调无聊

用电视打发日子
或与太阳闲聊
黑夜到来
才感到心在跳

黄沙石·无边思雨

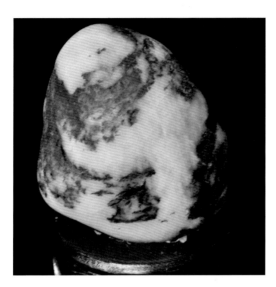

汉白玉·酒　　13cm×13 cm

酒 酒 酒

放肆的时光
放纵的心情
灵魂的重负
泡进了酒浆
泡进了年岁
怀抱的希望

种出的食粮
酿出美酒
在垓下自刎的剑锋里
和上虞姬起舞的乐章
热血混合着烈酒
更加发酵

千古都闻出其中的悲凉
把李白的月光
也挤榨出酒滴
让苏轼的海量
掺进天涯比邻的怀念
舀起一条条大江

那不安分的文士
须髯飘扬
倒在竹林里
痛饮出一段千古热肠
把一页历史剪裁成
颓废轻佻的张狂

斑驳草屋的农人
击缶歌唱土谣
稻花与高粱的飘香
让日子一次次酿造
乡间从容而嘈杂的幸福
从此开张
一饮便抵消了历史的陈年旧账
牵回难以忘怀的时光

酒与人亲近，亲得像亲娘
身寄他乡
共同的语言在杯里碗里
倾情相向
揉泪共诉衷肠

花岗石·王者　16cm×11cm

王 者

　　一个王的背影，如龙腾于天的虚妄，对视于高天之上。没有提到，还有时光的回音，雕刻出历史的经文。

花岗石·母子　25cm×20cm

红沙石·龙娃复仇记　13cm×13cm

沙石·少白头　13cm×12cm

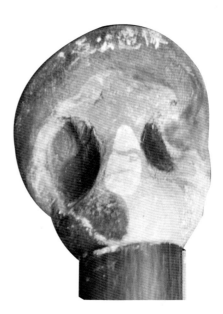

沙石·卓别林　12cm×11cm

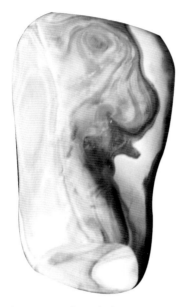

寿山石·大鼻子（1）　11cm ×6cm

黄蜡石·大鼻子（2）　11cm ×7cm

风砺石·万年刀痕　15cm ×4cm

暮山溪·忆昔

好吃好睡，囊饱有余薪，
何事须求人。自是那，平庸
一生，有怨无悔，落个好口碑。
叠纸牌，抱茶杯，风雨也难摧。

富贵着眼，何苦贪、馋、鬼。
功名无须计，闲灶间，一碟
两碗，白米黄黍，尽扫碗底羹。
展书本，闲看人，眯眼数叶飞。

风砺石·蚀（1）　14cm×6cm

风砺石·蚀（2）　14cm×6cm

玛瑙·吐鲁番风情　12cm×9cm

春风帖

我时时担忧自己的年龄
越老越有自虐的烦心
既回避世事变迁
也不敢面对天高地迥

但我仍阅读书里的日子
并自顾自地编织自己的行程
把老花眼睁得大一点
渴望用春风把满头白发染青

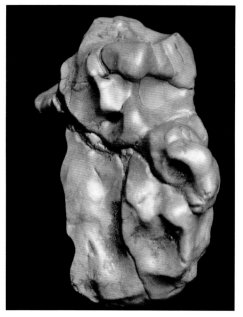

黄蜡石·尊严

石灰石·人生苦恨时日长　18cm×12cm

花岗石·阿福　18cm×22cm

阿 福

　　形态结构的变异，让一些奇石的"势"与"态"更有民间传统的艺术趣味。它首先从结构的团块势态中产生出张力，在紧包的外表形态里让力量顺势涌出，饱满的符号性更加强烈，民俗特征更为明显，在憨拙厚重的形象中引起人们的喜爱。

　　后面的《吹》也是如此。

古铜花岗石·静心

静 心

尽管还在人间，
我已在深山盘踞成精了。
无法避免的冷落，
让风霜雨雪加冕。
我心在何方流连？

火山铁胆石·浴火重生　12cm×8cm

红花岗石·吹　12cm×9cm

风砺石·文豪（1） 9cm×7cm

鲁 迅

思想的清澈
酿就精神食粮
精神食粮发放
治病救民良方

穷尽千年的文明与落后
翻检今日中国的病状
思想的剑
文学的刀
重塑国人的力量

敲碎的是奴性的软骨
扩充一代代人的肺活量

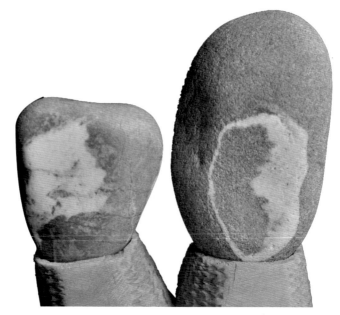

灰沙石·文豪（2） 8cm×7cm　　文豪（3） 12cm×6cm

花岗石·赴京赶考（1）　22cm×22cm

答　卷

迎秋风而立
长襟扇动水面
英姿焕发的风
催动远帆

满山红叶点燃
青春洋溢的脸
长空飞翔的鹰
注视风云变幻

小小韶山冲
把滔天大浪
尽揽于怀
手里的书卷
攥住了千年未明的
一个答案

给历史改了大稿
握紧枪杆
墨痕挥洒雷电
让一个个王朝喋血在
穿草鞋的田坝山峦

仇恨中的爱
比爱更强大

那一点火苗
乘飙风席卷
照亮亘古长天

用年轻的烈火
喂养志士抱负腾天
唢呐声中
惊魂回首

破雾穿云间
长空残月寒
马蹄声碎远
胜利
收藏在枪林弹雨间

天高化云淡
红日照高原
又酿一个长空回音

看风流人物
就数今天

长城和着长征的响鞭
对新的共和国督战
离京城一步之遥
"赴京赶考"
再以万里长征出卷

这道题刚作完
答题者是千千万万个
立国开疆俊杰

龙飞凤舞的笔下

用倚天长剑
又一道题火花四溅
"为人民服务"
共和国的宝典
大书于国门之端

用好每个宝贵年月
把握后程启前程的分寸
不停叩关
下世纪能否答好——

墨痕淋漓
至今仍未干

花岗石 · 赴京赶考（2） 22cm×22cm

花岗石 · 赴京赶考（3） 19cm×23cm

花岗石·赴京赶考（4） 19cm×23cm

花岗石·赴京赶考（5） 16cm×18cm

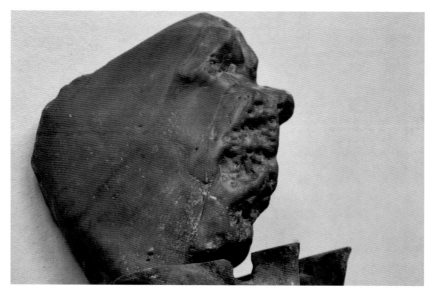

黄蜡石·活的滋味（A面）　14cm×15cm

活的滋味

要问我的苦乐年华
明明白白写在脸上
不用否认
吹嘘不借东风
成功不求别人
不信?
你搜索全民脸谱
可找到本人?

我曾对天发誓
要活得更精彩、更有神
有人劝我退退烧
我想，比平常人高一度的体温
正是我活着的滋味

黄蜡石·活的滋味（B面）　14cm×15cm

沙石·叮嘱　11cm×8cm

沙石·梦想的云朵　10cm×7cm

黄沙石·在岁月中沉思
16cm×12cm

铁矿石·一石六脸　20cm×20cm

一石六脸

　　这块铁矿石以天然性与奇异性表现了奇石丑中之美，它用"美以丑为媒、丑以美为质"的特殊变异生成，形成一石六脸的欣赏魅力。雕塑家罗丹有句名言："在自然中越是丑的，在艺术中越是美。"苏东坡也有"石文而丑"的论断。美与丑的结合在奇石中显得比任何艺术形式都来得强烈。另外，观赏的角度有特殊的艺术力量，角度产生美。不同的观赏角度会提供不同的艺术空间与新奇的艺术感受。因为奇石是立体的，有多重变化的空间，有不同的光感、色度与石质可以进行切换，只要变化角度，每块奇石的质地与画面会有令人想象不到的艺术效果，它既可以调动你的想象力，又可以刺激你的兴奋点，从而产生新的艺术美感。艺术角度的变化是每个艺术家孜孜以求的目标。

　　这是奇石审美中应该重视的一个问题。

（此石左右各一脸）

石灰石·海天落照 16cm×14cm

沙漠漆石·美髯公 12cm×10cm

花岗石·散落的念珠 12cm×10cm

四 态浓意远淑且真——女性石系列

四季的转身

四季转身从不缓慢
伴着鸟鸣、伴着水声
一季的日子
分到四户人家贮存
让窗纸换色
把夜色填平

用树枝抽个响鞭
公开讲明四家人的打算
春来了，满树
蜂蝶是伙伴
让雨水裸身扑进泥土，把根养足

不断长高的禾苗
用心填补了金色渴望
任性的风会给花朵防病做媒
把一脸的酡颜让给雪花
拉起满天雪花飞舞的帷幕

于是，静候地底温暖湿润的心跳声

 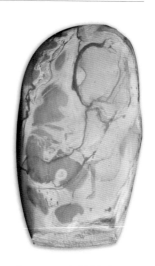

青田石·小髻髻（A 面）　　青田石·小髻髻（B 面）
22cm×16cm

花岗石·四季的转身　　12cm×8cm

红沙石·作品（A面）　18cm×13cm

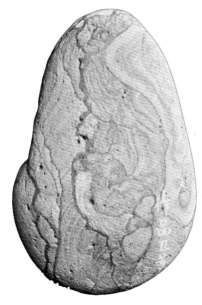

红沙石·作品（B面）

石的历程

你带我上路
一次次踏访时间
你的故乡从不固定
移动中带走多少
宝贵的轮回
还有那此起彼落的
是是非非

庞大的家族为分家苦恼
你想回程去
聚拢它们
值得留恋吗
那反复行走的路程

专注自己的经历
也会忘记自身
黑色的裂袋
蒙住了心
哪怕那善于作秀包装的泥土
难辨明曲直是非

总蒙蔽着艰难度日的自我
到底依了高山大河
还是投靠贪婪人群
把我值得欣赏的地位
用手捏一片余温

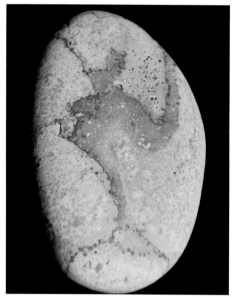

灰沙石·舞（1）　15cm×9cm

灰沙石·舞（2）　15cm×9cm

舞　者

和喜欢舞蹈的你在一起
我也要学会翩翩起舞
因为你爱歌唱
我也学会叫上几嗓

你带着北方家乡的歌
把这草原一唱再唱
歌声用月光传播
伴有满坝花草之香

一同起舞
溅起的泥土味
把故乡的思念
又带到远方

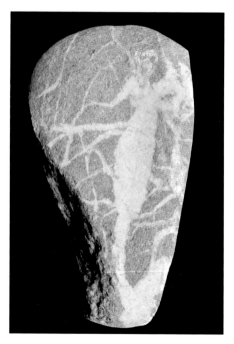

灰沙石·青春之舞曲　16cm×10cm

红花岗石·迪斯科　12cm×12cm

泥沙石·三口之家其乐融融
12cm×11cm

花岗石·长寿老人　12cm×9cm

红彩石英石·珠光宝气　8cm×6cm

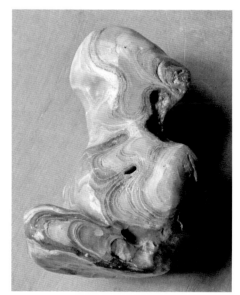

玛瑙·无题

灰沙石·遗失的记忆　10cm×8cm

黄蜡石·发音练习　12cm×5cm

花岗石·媚　9cm×7cm

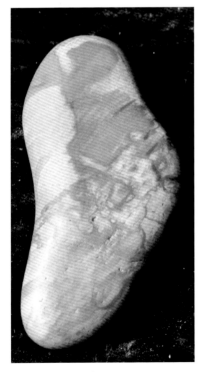

黄蜡石·饰　10cm×7cm

媚

要多高的欲望
才会把伤痕刻在脸上
人生的节点
青春的美貌
盛开在四周环绕
眼里顾盼流光

劈一条鲜丽走道
过眼的日子
让风编织着网
跌宕进来
跳得出去
多少险恶的匿藏

打磨着一对翅膀
明白世事是一条链
环环相扣荣与衰
锁住自身的咏叹
追逐繁华笼罩的
过眼云烟

把心装进匣里藏紧
再让眼神与男人交谈
笑赔在脸
安度不堪一击的夜晚

人生的归途背在背上
沉重与苦涩发酵成酸

花岗石·回眸（A面）　16cm×10cm　　　花岗石·家务（B面）　16cm×10cm

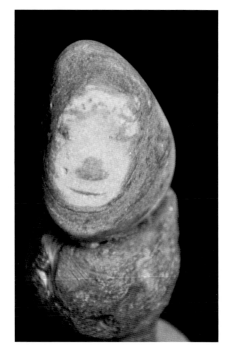

灰沙石·农妇（1）　8cm×7cm　　　　　灰沙石·农妇（2）

灯火下楼台

神来之笔
暗夜中飘忽不定的灯火
点燃浓烈的酒味
让王孙的旧梦
把秦淮河压成粉红之舟

箫声已滴出蜡的泪滴
行令声已藏进歌妓扭捏的怀里
星光掐断、月光叹息
时日不用荒废
且换今日一醉

楼下两盏惺惺相惜的火苗
牵笙歌吹落庭院
王榭堂前的燕子
相依为命地抱得更紧

风吹环佩鸣
叩打着女人凡心
月色使君醉
今夜长得永不会醒

绿泥石·笙歌归院落 灯火下楼台
11cm×9cm

沙石·风行　16cm×15cm

沙石·心在飞

玛瑙·少女的梦

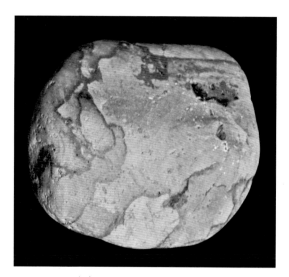

花岗石·憧憬　8cm×8cm

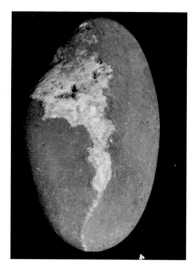

灰沙石·剪影　10cm×7cm

每一块绝版的美
万年如雕
生出万千想象
生活重叙
千古传承的热烈时光

红沙石·农家乐　7cm×8cm

灰沙石·思　12cm×9cm

红沙石·岩画　12cm×8cm

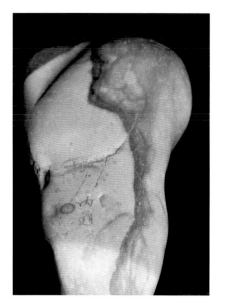

沙石·透视　12cm×9cm

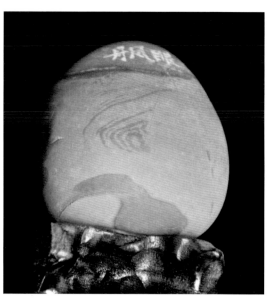

花岗石·丹凤眼

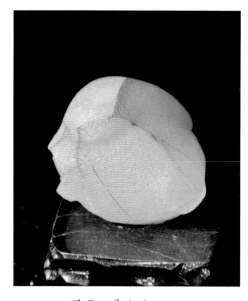

玛瑙·慈（1）

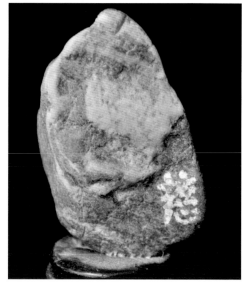

灰沙石·慈（2）

黄沙石·央珠　13cm×10cm

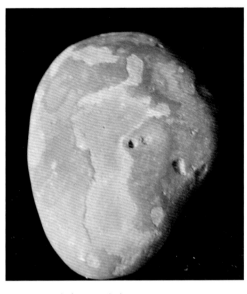

花岗石·背负　8cm×7cm

歌 声

——央珠

暗香熟透
风似曾相识
揉着自己窈窕的身
挤进木楼

牛铃挂着农谚
敲着乡情乡音
阿爸的木犁
旋几个影
土地在犁下翻滚出滋味

嗓子里的歌
也拥挤排队
唱的天分
比经文还要迷人

歌声一飞
再远的姐妹
也是近邻
浑身是劲
苦也不会累

一唱
四处有两眼热络的男人
专心倾听

沙石·小囡 10cm ×11cm

小 囡

酣梦一醒独自思，
陡见小女送签纸。
低眉含笑入我门，
求我取名要巧思。

沙石·望穿秋水 10cm×8cm

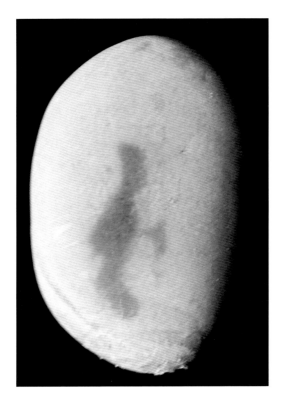

灰沙石·宫灯

岁月无声

端坐万年
眼里难舍
地老天荒

夜阑人静时
皱纹里爬出
条条古道
埋进多少
烟雨风尘
人世沧桑

朴素而乏味的日子
任风雨摇曳
四壁风凉
白发如霜
该蓄满多少忧伤

沙石·岁月无声　　11cm×13cm

背 影

岁月刻在背影上的是沉重
远方等待着沉重的叹息
还得不停地朝前走啊
让影子在背后迟疑

人生苦短
前路凄迷
在背囊中塞满回忆
仅留点足够走一程的勇气

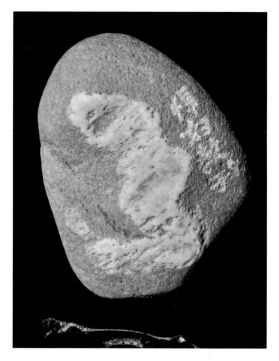

灰沙石·悍妇教子　12cm×9cm

沙石·思无邪　左 9cm×11cm　右 12cm×13cm

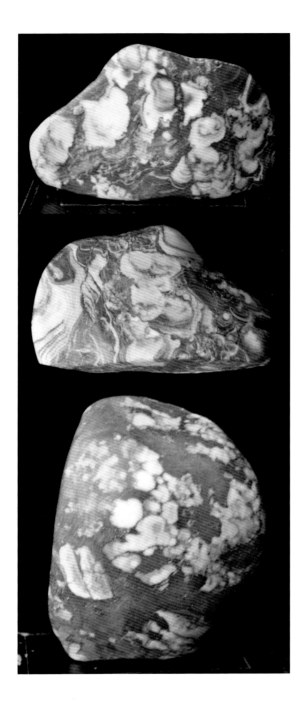

红花雪石·童乐
15cm×18cm

红花雪石· 朝鲜族女人
15cm×18cm

红花雪石·跑
16cm×12cm

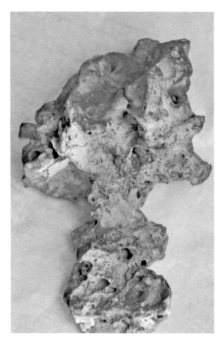

风砺石·邻村老人　16cm×12cm

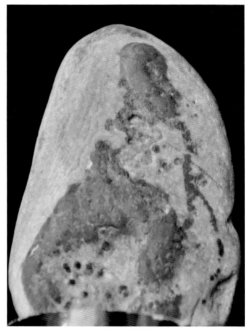

灰沙石·藏袍　13cm×9cm

灰沙石·思年华　10cm×11cm

黑沙石·孤独　12cm×6cm

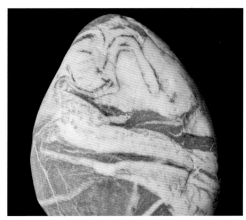

儿孙自有儿孙福
我为儿孙当保姆

沙石·线描·忧　16cm×14cm

自君之出矣，不复理残机。
思君如满月，夜夜减清辉。
（唐·张九龄《赋得自君之出矣》）

花岗石·老保姆　12cm×8cm

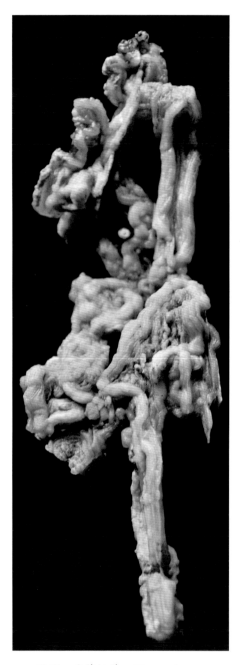

玛瑙·芭蕾托举　22cm×6cm

托 举

多逗留一会
或是马上离开
我的心不望它
也在徘徊
眼里读出的笑意
已多少年
谁猜得透
一个顾盼
常驻人间
让人流连忘返

每吸一口，夜空失去了支
撑，像听到跌落山谷的水声。
靠它可以取暖，吮吸着日子的
苦涩与甘甜。

黄沙石·老妪的烟锅　9cm×8cm

沙石·童话　6cm×8cm

花岗石·黑珍珠　6cm×7cm

石灰石·《拾玉镯》剧照

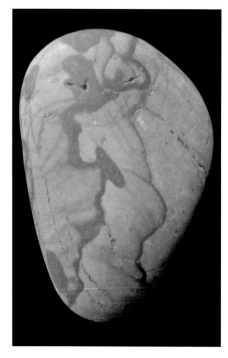

黄蜡石·孕　10cm×7cm

石 魂

石的魂魄是石的骨骼
不说坚硬的质地
只叹息那与天地同行的
岁月栖息

一小块
便是一首
突兀诗句
用水与火解构着生命的
雄强坚韧气息
人间万象中
不断推演着
它深藏的谜底

如斯时光
如斯流水
照不见归人影
桥面杂沓的脚步声
可有回家的归程
冰河铁马
孤烟长风
铁甲可堪裹身
羌笛吹出心曲
梦中可叨念奴的乳名

不会笑我已背驼
迎晚风细雨
又倚门守候
落叶如签寄语
半生的期盼
已蓄进高卷的白发
让爱在双眼的相交中
磨尽难诉的哀愁

沙石·倚门待君归　22cm×16cm

倚门待君归

拜天地时
牵着红绸
挽着落在心尖上的
羞涩与红晕
残月照纸窗时共寝
一卧如百年相守

伤心桥边
浣衣洗菜
梳着河水的冰冷
冲洗心头的憔悴

花岗石·日子　7cm×6cm

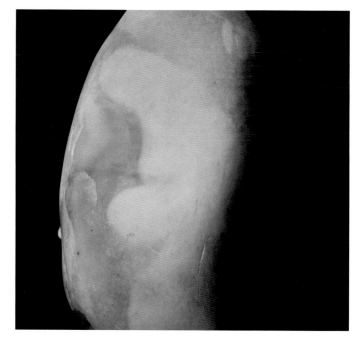

云很轻，路很沉，生命把生命抱紧。像竹子相拥，渴望升展更高，画成一季的丹青。

白玉·乳汁　15cm×12cm

花岗石·胖女　8cm×7cm

花岗石·头发的故事

大理石·有个人
16cm×12cm

有个人

有一个人
在那边
想着你

有一个人
在这边
也想着你

相互守望
再远的距离
将在心的边界上
伸手可及

只要踮起脚尖
就能
摸到台边

花岗石·彼此空有相怜意
20cm×15cm

彼此空有相怜意，
未有相怜计。

（宋·柳永《婆罗门令》）

黑沙石·西渡 7cm×12cm

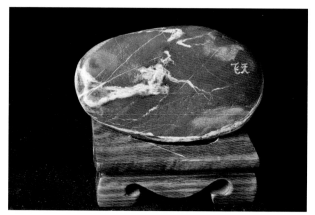

黑沙石·飞天（1） 9cm×8cm

红沙石·飞天（2） 6cm×10cm

沙石·家乐　12cm×10cm

沙石·教子　13cm×14cm

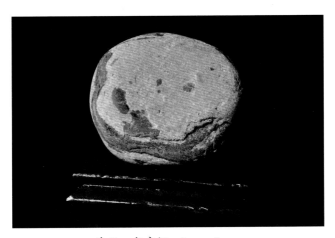

沙石·当户织　7cm×8cm

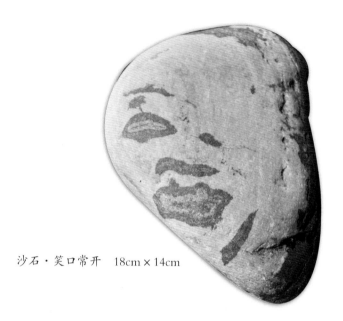

沙石·笑口常开　18cm×14cm

沙石·夫妻谣　22cm×17cm

夫妻谣

红脸，白脸。
哭脸，笑脸。
十多年的苦乐酸甜。

你争，我吵。
你长，我短。
十多年过得茫然。

什么时候明白？
什么时候收敛？
一生，有多少爱的陪伴，
可以相互接纳
在心底久藏的语言？

重 逢

友人远处回，相见喜复惊。
失路亦为客，他乡久盼音。
久行为逆旅，独处计归程。
江湖行路远，闯荡纠结情。
归心常似鸟，无处寻幽林。
举杯沉夜色，快语送寒更。
湿浸早日梦，舅融岭头云。
即上远行道，去去总孤征。

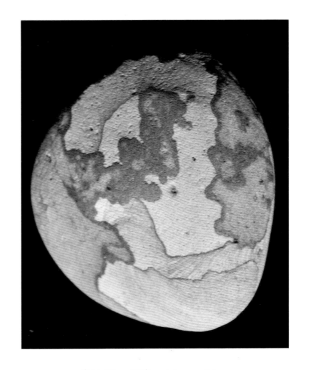

黄沙石·重逢　16cm×14cm

沙石·隔墙邻里　14cm×12cm　15cm×15cm

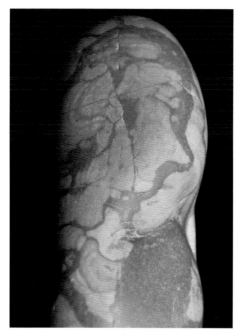

石英石・沉思　14cm×9cm

沙石・有所思

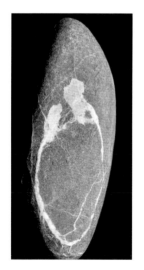

沙石・相望
13cm×6cm

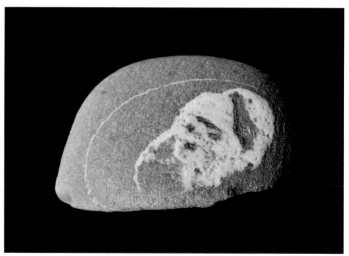

红沙石・星星的秘密
7cm×11cm

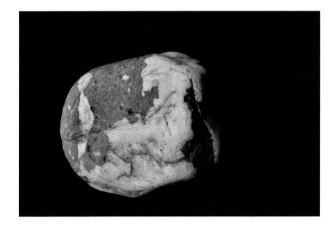

黑沙石 · 鸣蝉
15cm × 14cm

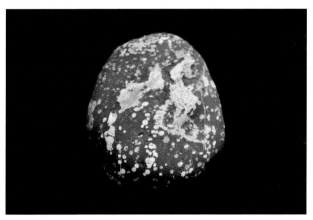

花岗石 · 陌路
12cm × 10cm

花岗石 · 长舌
8cm × 11cm

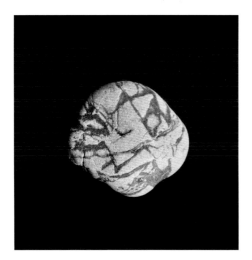

解构图解

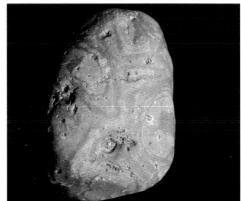

五 山河经纬认前事——人物立雕系列

石问·卿欲言，又何不言？

孤山耸白云，拔地一身轻。林中有人至，问道委屈情。
拜石尚勿答，先生有怨生。长风飞百里，浮云漂泊春。
苦劳经长路，跣徒一路行。乡音可在味，衰颜难辨清？
残躯心如结，先问娘母亲。只盼严家训，问安跪此身。
远行不尽孝，天涯挂念深。魂归随云去，蝶梦似入尘。

花岗石·发鞭
7cm×6cm

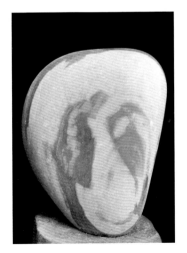

灰沙石·石问
12cm×10cm

沙石·望山僧独归
8cm×7cm

满山清气欲入禅，
人生几度置峰峦。
岁月冲淡多少事，
难舍爱石一老顽。

灰沙石·武士　9cm×6cm

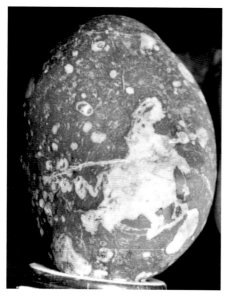

沙石·踏花归来　8cm×7cm

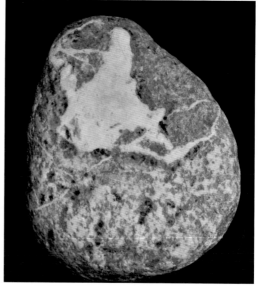

沙石·渡江　9cm×7cm

静 思

沉静得在长盹
目光失去睡意
褪色的披衣做着
发黄的梦
发尖行走着无聊的风

心仿佛洗了又洗
总觉得灵魂的进化
能撞开心中的那堵墙
便见到一扇明亮的窗

黑花岗石·静思　17cm×9cm

沙石·远望　7cm×7cm

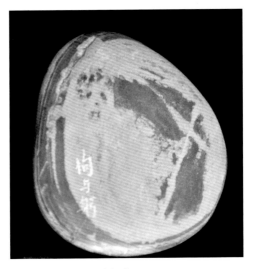

灰沙石·佝与躬　8cm×8cm

沙石·请君入瓮　8cm×6cm

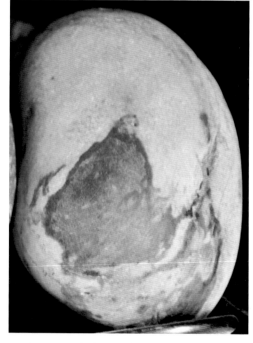

沙石·云在青天我在瓶　8cm×6cm

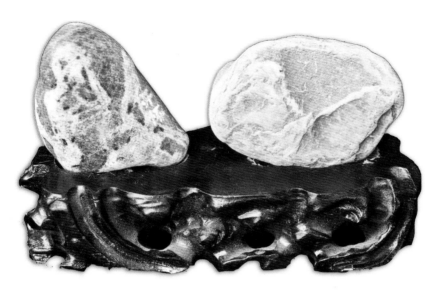

花岗石·二老乐　左7cm×7cm　右6cm×9cm

清平乐·钓中乐

——二老乐

入湖心船，人语风中散。
日斜霞披芦中雁，鱼跳小船边沿。
生不求盼富贵，寄意山青水蓝。
万事如云沧远，留取快意湖山。

花岗石·钓沧海　12cm×10cm

万年石佛

一个触目惊心的决定
在他看来十分平常
人生的梦交给石壁
让岁月永远在洞中打量
目光把石壁阵阵擦响

万年面壁，万年沉寂
人生在这里轻松逃亡
尘世的眼已紧紧合上
风把贝叶经轻轻翻响

当人与石壁融合
人的坚硬比石还强
当意志与心愿结交
铸成的感动
让千古的眼波荡漾

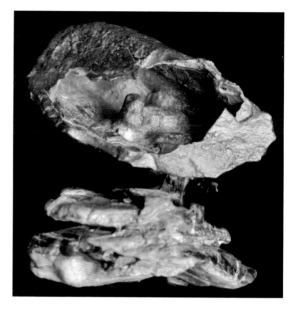

风砺石·万年石佛
6cm×8cm

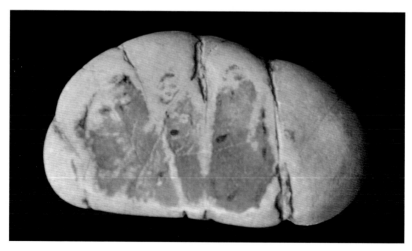

花岗石·众僧归　12cm×18cm

石滩上

多少空气清新的味道
多少风的各种调门喧闹
多少江浪悄声密语
山上不知名的鸟
夸耀地叫鸣

流动的牛羊把草揽在怀里
老人口里唱着一把把山曲
无约而来的石头
献上慷慨的亲密
贴着脚声声叫唤
含情脉脉相视
缠上一种相恋的亲密

黄沙石·回娘家　11cm×8cm

黄沙石·驯鹰　11cm×9cm

花岗石·回家　13cm×10cm

花岗石·官帽　10cm×7cm

花岗石·秧歌　8cm×7cm

卷纹石·目送归鸿远　手挥天地间　15cm×15cm

花岗石·从军　13cm×8cm

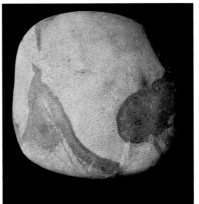

花岗石·荷塘　12cm×10cm

沙石·辩日

沙石·上山　12cm×8cm

沙石·打枣　12cm×7cm

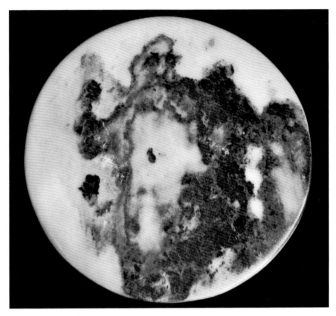

大理石·拳势 14cm×14cm

泥沙石·武士佣
22cm×16cm

花岗石·留下买路钱
10cm×9cm

花岗石·君愁前路无知己，天下有人自识君

沙石·炫　11cm×9cm

红沙石·山道弯弯　16cm×17cm

欲并老容羞白发，
每看儿戏忆青春。

（唐·刘长卿）

灰沙石·白眉　10cm×7cm

风砺石 · 孔明（1）
14cm × 8cm

沙石 · 孔明（2）　11cm × 9cm

孔 明

几万年前
一个个形销骨立的老石匠
打造了你的形象
用石锤、石斧、石针
磨砺了一个
帝王般的功劳
赐你一个封号

命运多舛
你没有称帝的野心
用忠义铺就了一条
古旧之道
去辅佐无能的老小儿郎

历史上多少　　　　成大厦的蛀虫
帝王贵胄　　　　　时光的酒囊
都靠父辈的勋章　　无能的依傍
接连挂在　　　　　败事的混账
一代代儿女脖上
才有这历史演义的疯狂　给历史留下
　　　　　　　　　说不清道不明的
你留下的训诫　　　啼笑皆非的
没有人总结　　　　锈痕斑驳的一页
这一代不如一代的阿斗

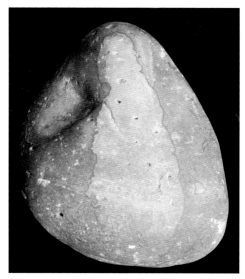

石英石·孤独怨（1）　10cm×8cm

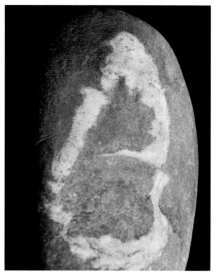

沙石·孤独怨（2）　15cm×10cm

木兰花·孤独怨

七十未知身已老，登山越水忘前朝。就当青山为己有，我与此山早相好。
不怨过往糊涂日，糊涂自有糊涂好。险风恶浪擦肩过，赖活总比好死强。

沙石·孤独怨（3）　11cm×7cm

沙石·孤独怨（4）　10cm×9cm

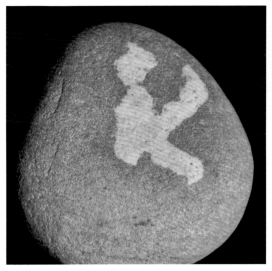

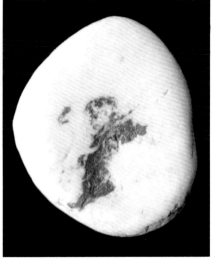

沙石·旋　7cm×6cm

石英石·踢毽的小孩

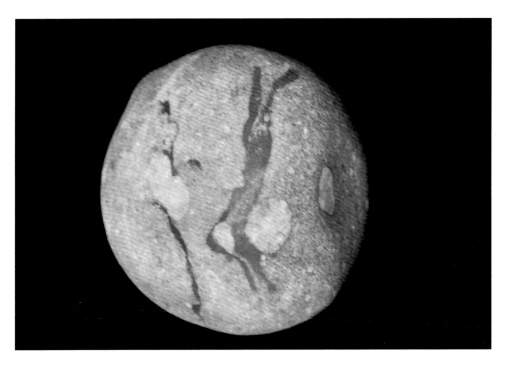

沙石·跳水　12cm×11cm

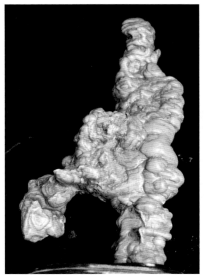

沙漠漆石·乐天　14cm×12cm

沙石·指挥家　7cm×6cm

红沙石·鼓上蚤石迁　10cm×9cm

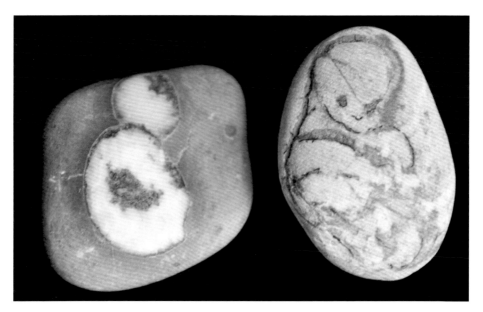

石英石 · 小儿　　　　　　　　　　　　沙石 · 胎儿

灰沙石 · 高山仰止　　14cm×8cm

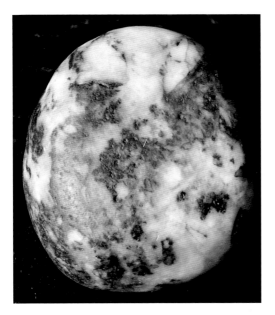

大理石·愁绪（1） 12cm×10cm

黄蜡石·迎风 12cm×10cm

迎 风

给心安个家
让落日替你说话
破碎的思念
缝补得是否完整
还是让饶舌的风再送一程

大理石·愁绪（2） 10cm×8cm

钟乳石 · 冬　18cm×11cm

钟乳石 · 健美
22cm×14cm

钟乳石 · 蒙古小摔跤手　18cm×10cm

储存的意念，不会浪费年幼的光阴

花岗石·粉红俏娘　14cm×13cm

结核石·走红　9cm×7cm

　　此时的荣耀，包装在金碧辉煌里，
让呼吸掉进深渊里沉醉。掌声，却收
拢在卸下粉妆时的孤独里。

黄蜡石·观自在

白沙石·智者无言　13cm×8cm

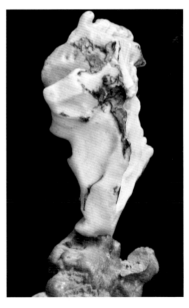

风砺石·受难（黑体部分）
10cm×7cm

嵇康与《广陵散》

《广陵散》：公元 261 年是魏朝最末一个皇帝曹奂景元二年，历史上被称为"竹林七贤"之一的嵇康从洛阳搬到老家山阳，除与好友向秀来往外，与位尊权重的好友山涛也公然绝交。后来，为救无辜的吕安，揭露吕安哥哥吕巽的丑恶行为，只身到洛阳解救吕安而被司马昭处死，临死前在刑场弹起《广陵散》，满场人鸦雀无声。死后，名曲《广陵散》也成为绝响。此组奇石具有向秀与嵇康、山涛、阮籍、刘伶、阮咸、王戎七君子竹贤交往的相似图景，可以附会，也可解悟。

"竹林七贤"故事反映了在中国封建社会动乱年代里，一些知识分子在精神上的困厄、道德伦理上的异化、文化观念上的难以自拔，他们虽力图恪守自己的思想底线，面对时局的巨变却有了自顾穷达的欲望选择，精神也随之坍塌。这使后世的知识分子从内心深处有了不同的相望相守的依恋之情。这也是不少书画家以此为创作题材的主要原因。

沙石·竹林七贤——竹贤
6cm×5cm

灰沙石·竹林七贤——涛声
10cm×9cm

花岗石 · 竹林七贤——秋寂
16cm×17cm

风砺石 · 竹林七贤——吟风
7cm×5cm

风陵散

是曲挽歌但雄心勃勃
天性在云中滚雷般划过
每天生活的版本会印证人世的荣枯

他可以让曲子毁灭
却让生命开放的小花
牢牢地印在听者含泪的眼眶下
历史，便掉落在那断弦声里

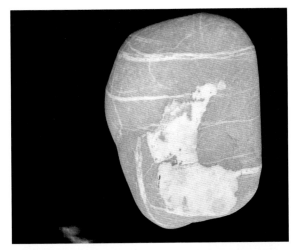

花岗石· 竹林七贤——饮客
14cm×12cm

砂石· 竹林七贤——钟默
9cm×11cm

砂石· 竹林七贤——狂啸
8cm×7cm

竹林七贤

七棵青竹
骨硬节多
心有多高
节有多粗

空心处
塞进多少
愤怒、凄惶、无奈
苦情向谁诉
依竹、求竹

随身化作千片叶
修修束束
挽手一抱
凄风、寒雨
浸泡浊酒
灌得与夕阳同醉
瞅转青眼、白眼

断身的竹筋
把世事冻裂
让千年文士
相同地咀嚼
其味
仍淡于竹

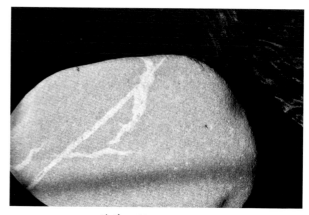

沧浪　20cm×23cm

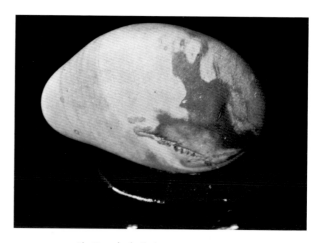

沙石·走乡艺人　12cm×8cm

东坡言说

东坡说过
但愿人长久
千里共婵娟
感同身受
让人斟酌到千年
因为先生的心里
装的孤独太大了

不必日日花前醉酒
让诗逐一表白
赤壁、西湖、明月
只属于他一人独有

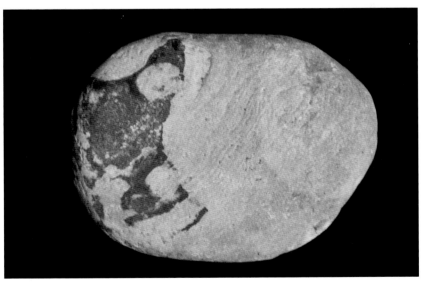

沙石·东坡　9cm×13cm　（此图倒看另有一人）

待月西厢

被月光的水雾打湿的这对恋人
几百年后相依相偎在石下
铸成生死永恒的故事
太湖石仍枯立东墙
月光惨淡没了原样
仍在等待那个会主持故事的月亮

花岗石·待月西厢　9cm×10cm

花岗石·拜年（1）　8cm×7cm

花岗石·拜年（2）　8cm×7cm

花岗石 ·拜年（3）　8cm×7cm

红沙石 ·拜年（4）　12cm×10cm

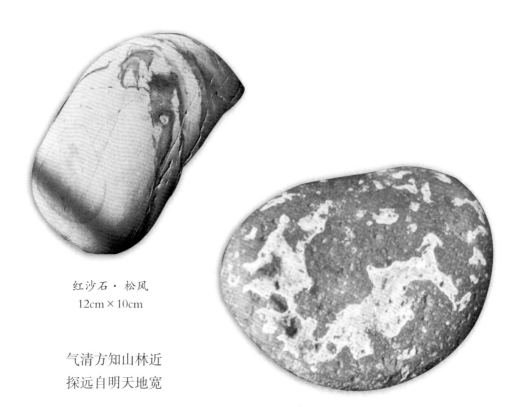

红沙石·松风
12cm×10cm

气清方知山林近
探远自明天地宽

沙石·醉舞下山去，明月逐人归
（宋·黄庭坚）12cm×10cm

沙石·逢君　12cm×10cm

花岗石·闻鸡起舞　14cm×12cm

白沙石·都尉武士　10cm×16cm

八百年前多少事
付与干戈马蹄声

花岗石·东郭先生　20cm×16cm

花岗石·力士　8cm×6cm

花岗石·风往这边吹　8cm×6cm

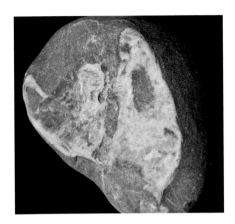

灰沙石·爷孙福　13cm×10cm

灰沙石·老人

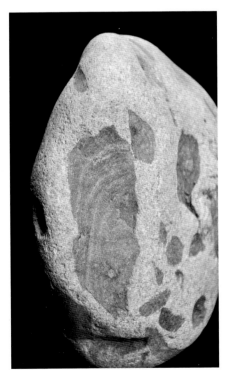

灰沙石·问路 14cm×9cm

花岗石·骑行　14cm×16cm

一路上努力向前
心会为此而晴朗

花岗石·长人　20cm×12cm

无言常叫心似水，

有言自觉气如霜。

（清·刘念台）

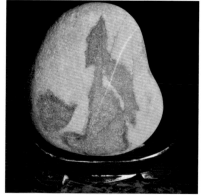

红沙石·打烊时日
6cm×6cm

（上端为"山河"二字，
中下部各为一人独行。
这是块难得的奇石）

花岗石·踽踽独行　8cm×6cm

玛瑙· 苦行

结核石·逆旅　11cm×8cm

风砺石组阵

花岗岩与石灰岩形成的风砺石是奇石品种中最具个性的石种，它铁骨铮铮，坚硬如钢；它粗粝万变，形奇伟伟；它色调统一，不花不哨。它犹如人中的伟男子，刚丈夫、豪侠士，猛将军。火热情肠，铁胆柔心，无畏于风沙、雷暴、雨雪、洪水、烈日的侵凌，在艰难困苦中磨砺、锻打、闯荡、奋进。它始终如一地以坚韧、勇敢、大无畏精神以至死亡而立于天地的气概，始终令人景仰。作为生的意念，死的气节，在万分艰难的环境中，各自炼狱般铸形，各自舍身般守候，不管身躯从大到小，小到变成一粒沙粒，它没有叫苦，没有怨愤，更没有缩头，没有投诚。生死神以灵，魂魄为鬼雄。它的骨头是硬的，为了一种志向和勇气，把生命的歌谣一如既往地唱响；它的精神是倔强的，再大的困苦仍是不屈不挠地坚守，顽强与韧性是它的独特个性，对生命的留守与对死的淡泊是它的原创精神。

茫茫沙海中，炎炎烈日下，也只有风砺石守候、挺立，其余的不是被掩埋便是被卷走。孤光自照，肝胆冰雪。它不需布道，不需五花八门的修为，只是以平淡的生活态度默默地在沙海中行进。

上邪（1） 13cm×12cm

上 邪

上邪！我欲与君相知，
长命无绝衰。
山无陵，江水为竭，
冬雷震震，夏雨雪，
天地合，乃敢与君绝。

（乐府诗·上邪）

上邪（2） 13cm×12cm

第三交响曲《英雄交响曲》
18cm×8cm

临水思变　12cm×18cm

整理心情　16cm×12cm

万年守候（1）11cm×8cm　11cm×5cm

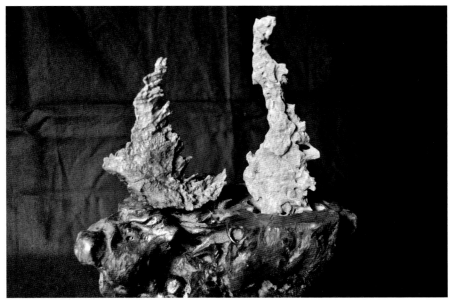

万年守候（2）（组合石）　11cm×8cm　11cm×5cm

远方的等待　13cm×7cm

山月之苦

山月之苦无从诉，
一片伤心难画出。

山月之苦　9cm×7cm

归去来兮（组合石）　8cm×6cm

猴之天地（1） 14cm×8cm

猴之天地（2） 12cm×6cm

猴之天地（3） 13cm×5cm

深山茶香　16cm×14cm

诵经的月光

行踪难定的步履　　　每块石抬起月亮　　　千年一轮回
无须借佛忏悔　　　　但体温冰冷　　　　　修成仙了吗
有奇石　　　　　　　　　　　　　　　　　无人询问
健步走了几万年路程　是场群英会　　　　　仍是洪荒里来的泛泛之辈
炽热的黑色火焰　　　那片风沙
飘荡在滚滚黄沙间　　那片胡杨　　　　　　无论秦汉魏晋
　　　　　　　　　　那远去的湖水　　　　还是唐宋元明清
魂魄将亿万年的　　　群鸟在鸣　　　　　　塑在大漠上
精灵们唤醒　　　　　光阴拒之门外　　　　平淡得无名
烫得落日苍凉　　　　先生不笑后生
足音铮铮　　　　　　前世不羡今生

梦绕云山   8cm×14cm

天光   11cm×8cm

老鸭   11cm×8cm

身在山中　13cm×9cm

云朵　11cm×8cm

云 朵

远去的云朵想隐藏在山底
飘移时，有人尾随而至
把头藏在披风里
想要寻找那晚写成的故事

闲适人生　10cm×8cm

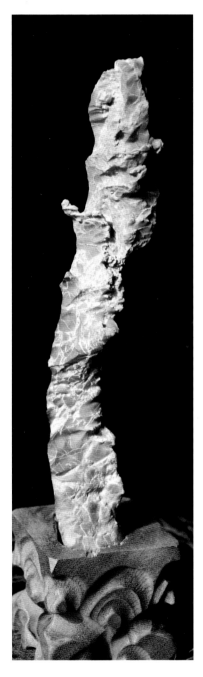

骑龟图　16cm×14cm

骑上峰驼　14cm×16cm

脊梁　24cm×8cm

舟行沧波里（A面）　　12cm×12cm

舟行沧波里（B面）　　12cm×12cm

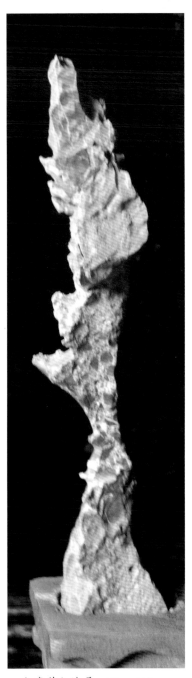

积辛劳知沧桑　25cm×8cm

时光漂白了心事

石翻水刷，大浪卷沙
树木种上地，红土移了家
时光漂白了心事
鸟雀给年月捎来许多话
伴上阳光与云彩
慢慢品味
石上那个人
那个字
那朵花

时光漂白了心事　10cm×7cm

淡定人生自有情
14cm×9cm

人这一辈子
10cm×7cm

湘君　13cm×7cm

山影　18cm×9cm

云中君　12cm×5cm

六 大理石的古今演绎

仗剑远游

寒山一点鸦色静，
暮云愁雨湿心情。
仗剑远游江湖影，
饱霜孤竹声悲鸣。

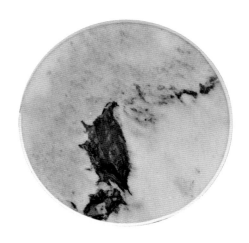

仗剑远游
15cm×15cm

君子坦荡荡，小人长戚戚
14cm×8cm

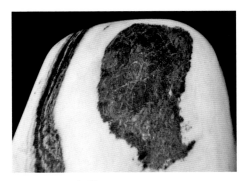

大家　20cm×18cm

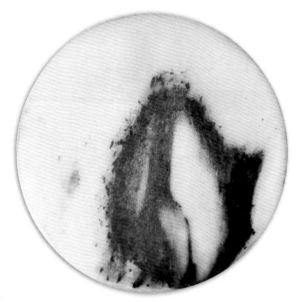

山中访友　15cm x15cm

梁楷·布袋和尚图

巨灵神驯鳌　15cm x15cm

风啸一夜雨，引得山峦潜
18cm×18cm

秋山自默

山不动
佛亦不动
佛在山心中
山在佛身后

秋山自默
18cm×18cm

青尼　18cm×18cm

天净沙·青尼

古寺，青灯，年华。
钟磬，青烟，菩萨。
薄衾，呢喃，长夜。
星移树挂，
今夜梦可落家？

青灯黄卷思年华
18cm×18cm

沿江　12cm×12cm

《离骚》节选

纷吾既有此内美兮，
又重之以修能。
扈江离与辟芷兮，
纫秋兰以为佩。
汩余若将不及兮，
恐年岁之不吾与。

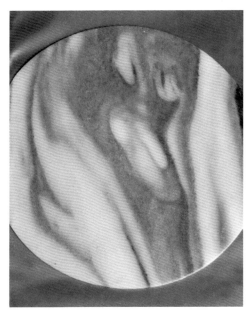

变形人　12cm×12cm

临风　14cm×14cm

临渊般若

25cm×25cm

（"般若"为佛经中的智慧之意）

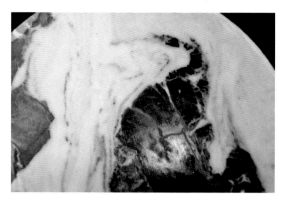

乌江恨（A面）　25cm×25cm

乌江恨（B面）　25cm×25cm

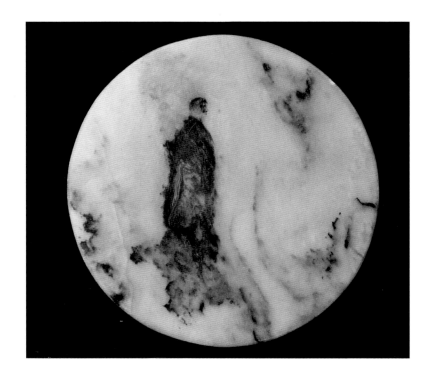

溪边对语　18cm×18cm

课徒（1）　18cm×18cm　　　　　课徒（2）18cm×18cm

风华　18cm×18cm

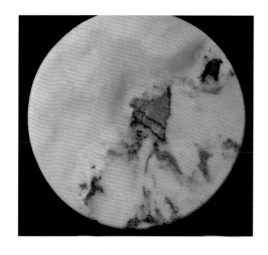

畲族女子　18cm×18cm

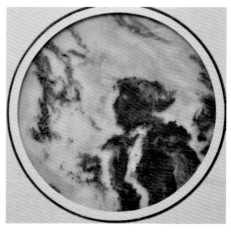

麦秆吹黄的秋天　18cm×18cm

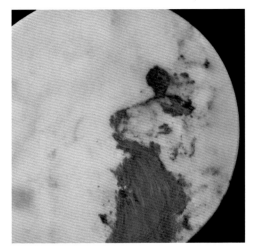

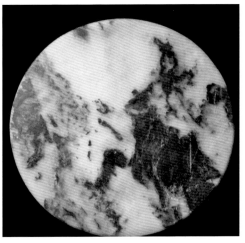

相思一点寄远山　18cm×18cm

心似春山常乱叠　18cm×18cm

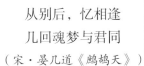

从别后，忆相逢
几回魂梦与君同
（宋·晏几道《鹧鸪天》）

忆相逢　16cm×16cm

江中石

一江之水
在走，在跑
花着积攒下来的时间

我醒在这水声里
醉在层层叠叠的
万年如斯的石滩

夕阳跳下悬崖
那是殉节的情愿
江水流淌
奔跑的勇气生出性情的燃点

石头留下来
被江水磨去棱角
打造得圆滑
可石头不会
越滚越圆
在内含悲悯的坚韧中
催促颤动的生命

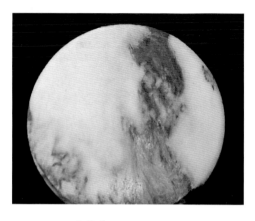

思年华　18cm×18cm

迈步云山远　25cm×25cm

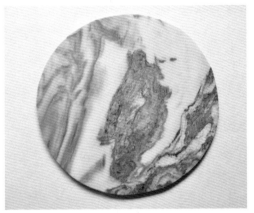

松风　16cm×16cm

一钵青山一钵闲　12cm×8cm

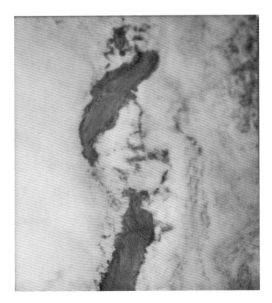

穿大氅的女人　24cm×18cm

若隐若现　18cm×18cm　　　　　　　飘然思不群　18cm×18cm

潜入相思无尽意，
却道当时全枉然。

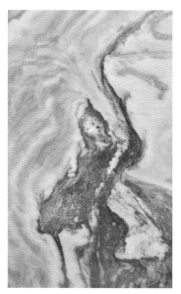

唯有相思似春色，
江南江北送君归。

当歌　25cm×25cm

 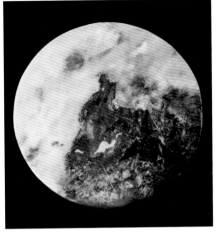

远山道上（1） 14cm×14cm　　　　远山道上（2） 14cm×14cm

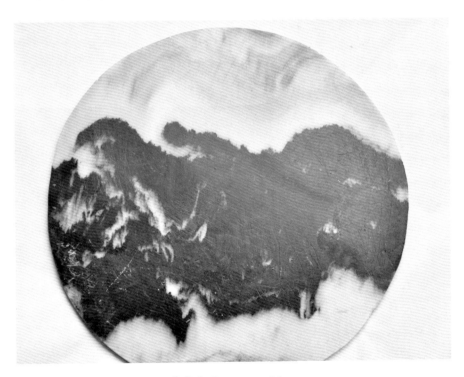

骑虎难下　25cm×25cm

勇气，就在虎背上，就把它当做你的坐骑，腾空而起，一跃而下。

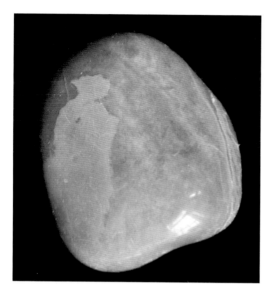

望月

月中影

李白的身影
还醉倒在桂树旁边
他将月中新酿的桂花酒
　与友人对酌
豪气入云天
留下影子一串

三人中有一人
刚从月中下凡
醉笔挥洒
便有唐诗半壁江山

邀　月

白有惊天才，
诗与月共圆。
千里星光暗，
醉卧白云边。

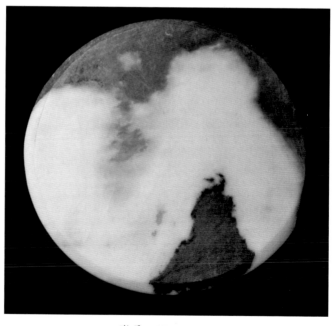

邀月　18cm×18cm

洞天"佛"地 23cm×16cm

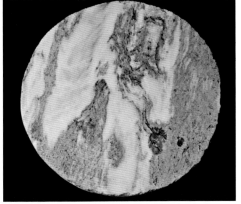

莫问奴归处 22cm×22cm

莫问奴归处

不是爱风尘，似被前缘误。
花落花开自有时，总是东君主。
去也终须去，住也如何住。
若得山花插满头，莫问奴归处。

（宋·严蕊《卜算子》）

海天苍茫处 22cm×22cm

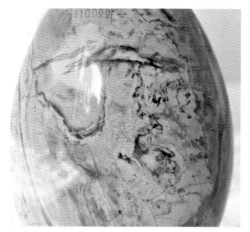

钓者　16cm×12cm

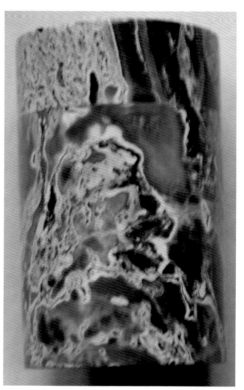

心事夹在日子里翻捡　6cm×4cm

舞山情　12cm×18cm

　　这幅画以中国画特有的留白方法，在人物周围留下了大片空间，使人物神态与内在情绪的表达有了开阔而渺远的想象牵连。人物形象的描绘，又用了散乱而有致的墨点巧妙勾勒，让这块奇石的空间透视更充足了，人物情绪的表达也更加畅扬。

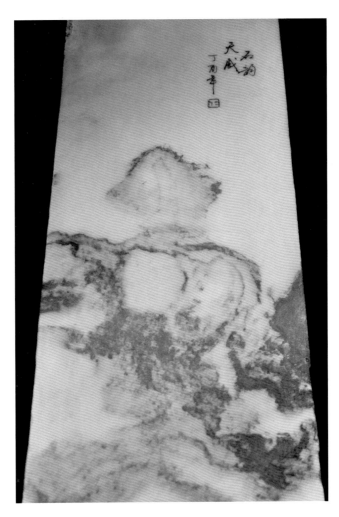

谁似先生高举，一行白鹭青天。20cm×14cm

（宋·辛弃疾）

归来　32cm×22cm

《归来》这块大理石是以现代手法表现人物的好作品，石的画面笔墨滞重，背景暗黑而形成了一个反衬空间，十分巧妙地表达了母亲、儿子与媳妇之间瞬间相逢时的丰富情感色彩。在滞重的背景中三人的形象如此纠结、如此凝重，千言万语尽在画面中。这种笔墨构成产生的灵异的效果，会给人更大的艺术冲击力与张力，把三个人物之间的关系凝固在相逢时既惊异又内敛的情绪里。这种情绪是由于长期分离造成的，既矛盾又纠结，酸甜苦辣都停留在这个场景里，使人物有了厚重的压迫感与情绪张扬。

这幅作品的构图与色调用了一种夸张堆积的块面，这些块面由于有光的灵敏感觉，使内部形成了浓厚的情绪催发效果，迎面扑来的现实观照，使观众的感觉也沦陷于其中。

这是奇石在大自然生发中形成的艺术奇观。

僵卧孤村不自哀，
尚思为国戍轮台。
夜阑卧听风吹雨，
铁马冰河入梦来。

（宋·陆游《十一月四日风雨大作》）

陆游　18cm×18cm

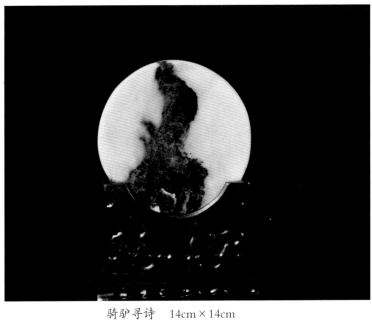

骑驴寻诗苦无意
且翻青山压稿底

骑驴寻诗　14cm×14cm

七 玛瑙石的传奇

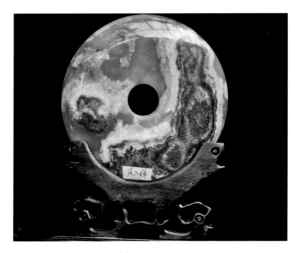

风入禅　16cm×16cm

东坡爱石

东坡爱石
他以石为药方
医治他的心痛与
行走在山野的落寂

把雨水揉碎
把阳光分捡
也把未出阁的宁
捏成新鲜的宋词

在佛印大师青石板嗒嗒的
邀请声中
月光披衣
竹丛夜语
奇石是佐酒菜

奇石陪伴东坡
树化石刻的砚
紫云石飞来的笔架山
有支玉管笔
以石的家谱为笔尖

云雨湿润
东坡翻检人间殆尽
酒中贯注千年诗句
晾晒一个个朝代的辛酸

解放帽

解放帽

解放区的天，是明朗的天。

当戴上这顶帽子时，心里的春天来到了。

思考

思考时总会把思想变成

可以捕捉到的物质

装进眼中

这便是理论产生的根源

思考

三友益我

好风入室

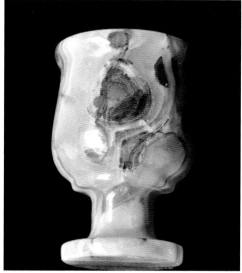

旧时月光（1）　　　　　　　　　旧时月光（2）

旧时月光（3）

脸嘴（1）

脸　嘴

把丑的展示给人就不怕，怕的是好的居多了，
一碰到丑，你便难以下载一份好的心情。

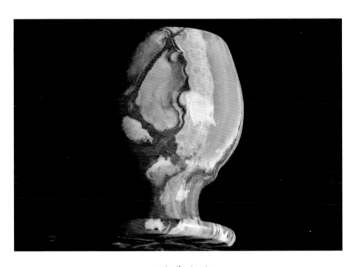

脸嘴（2）

初月挂林梢

幽花出尘

相濡以沫

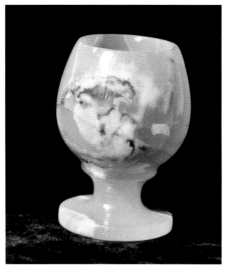

喜雨客乡（1）

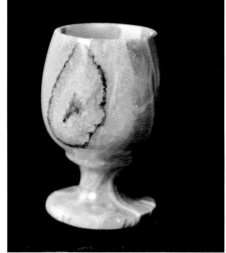

喜雨客乡（2）

喜雨客乡（3）

等待　15cm×15cm

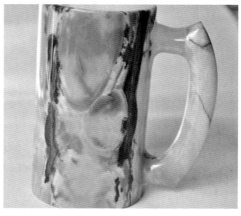

边缘的距离　18cm×13cm

边缘的距离

一个男人的信约与一个女人的相顾，
能否把自己的光阴在这装订？

坡上行　18cm×13cm

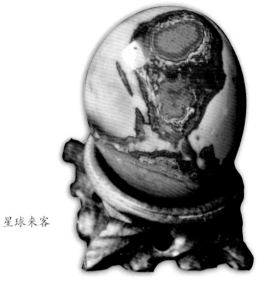

星球来客

星球来客

我统领的是一个帝国，
在地球的另一端。
神秘的心跳换上神秘的脸，
让我的灵魂去四处寻找出口。

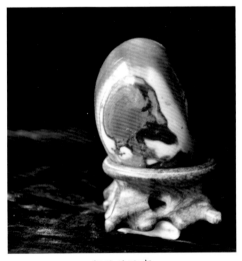

胡子的故事

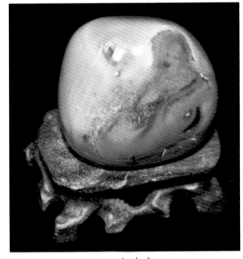

一念清净

胡子的故事

却道是，秋风紧，
年岁偷换如今。不用包装，脸上
有日月的行径。无人会理睬，
这几多年，摇摇荡荡的游魂。

探　10cm×10cm

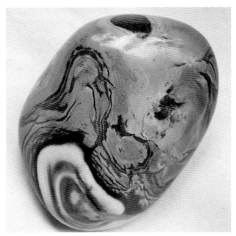

风雨魂

我心依然遂千古，不愁风雨过今朝

披阅人世

志士惜日短，
愁人知夜长。
（晋·傅玄）

山海风

云山策杖

云山策杖

岁月的秋风，
已把手杖吹得越加沉重。
行走中的那份心血，滴在谁的心尖上？
每座山都已把步子蓄满，
可以追述到相同的故事，
腌制成的身影。

人生何处是乡关

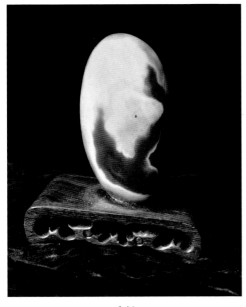

对望

二手烟

拜 谒

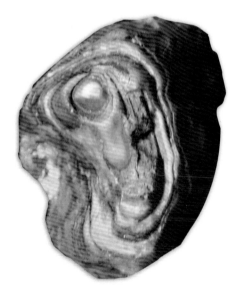

独眼观天下

大漠王朝断想

宛在中央　8cm×8cm

碗——宛在中央

一次蜕变，一次洗礼，享受内心的寂静
便参悟禅机，对话风声、雨声、树声
呢喃的经文，揽明月相依
不用几多解悟，色彩调和着石头
打磨一段生命的奇迹

再老的世界，没有它老
饱蘸七彩之光，让万种禅机
筛一片各不相同的情绪，
织就七彩回望的眼力

只有时间留下了
那最具分量的寄意

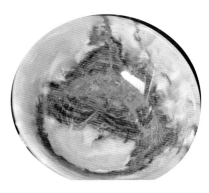

归鸟　10cm×10cm

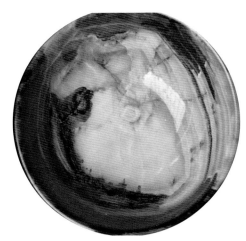

望岳　10cm×10cm

林下琴和　8cm×8cm

碗——林下琴和

林中，月光在流淌
李白的歌依声在琴上
让几辈人的琴师们收藏

这琴声和上唐诗宋词韵律
没有虚度，没有浪掷
把声音擦出那般清亮
扣住了今日时光

昔人有玉碗，
击之千里鸣。
今日睹斯文，
碗有当时声。
（张祜《戏简朱坛诗》）
朱坛请唐朝诗人张祜改文章，
张祜作此诗以讽其文章空洞无物。
今可变其意而解之。

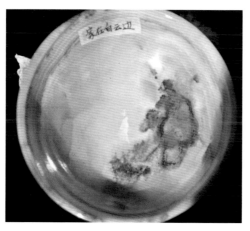

家在白云边　10cm×10cm

后 记

　　石不能言，却那么有趣有味；石无感情，却有那么丰富的形象与色彩。一种性格，一种经历，一份情绪，一袭思考，一许向往……从精神层面到人生层面上给了我们多姿多彩的体验与感悟。奇石已成为永恒的史书，它虽缄默，但仍在说话，仍用生命符号传达自己最坦诚、无矫饰的艺术语汇。它的外在形态与内在精神的融合，对人生必有启示与借鉴意义。石可养性，石可陶情，石可明志，石可悦心，石有温暖，石可以感悟创造，也可以给人更多的遐思。

　　于是，自己可以静读古诗寻乐趣，闲翻奇石觅天机。

风砺石·甦　　14cm×12cm